*测绘地理信息知识丛书·海洋地理系列*

# 海湾

楼锡淳　苏振礼　元建胜　编著

测绘出版社

·北京·

## 内容简介

本书包括上、下两篇。上篇为海湾的普通地理知识，包括海湾的分布、成因和分类、形态、水文和生物特征，经济意义，法律地位和军事价值等。下篇为海湾的区域地理，介绍世界海洋中比较大的，或是有特殊意义的海湾共计71个，主要简述各海湾的地理位置、地质构造、地形特点、水文气候、资源、经济、港市和军事等方面的内容。

本书适合青少年读者学习海洋地理知识之用，也适合海洋专业人员或沿海地区相关部门参考之用。

**图书在版编目（CIP）数据**

海湾/楼锡淳，苏振礼，元建胜编著. —2版. —北京：测绘出版社，2017.9
（测绘地理信息知识丛书. 海洋地理系列）
ISBN 978-7-5030-3964-5

Ⅰ. ①海…　Ⅱ. ①楼…　②苏…　③元…　Ⅲ. ①海湾—青少年读物　Ⅳ. ①P72-49

中国版本图书馆 CIP 数据核字（2017）第 086935 号

| | | | |
|---|---|---|---|
| 责任编辑 | 李　莹 | 封面设计 | 李　伟 |
| 责任校对 | 石书贤 | 责任印制 | 陈　超 |

| | | | |
|---|---|---|---|
| 出版发行 | 测绘出版社 | 电　　话 | 010-83543956（发行部） |
| 地　　址 | 北京市西城区三里河路 50 号 | | 010-68531609（门市部） |
| 邮政编码 | 100045 | | 010-68531363（编辑部） |
| 电子邮箱 | smp@sinomaps.com | 网　　址 | www.chinasmp.com |
| 印　　刷 | 北京建筑工业印刷厂 | 经　　销 | 新华书店 |
| 成品规格 | 148 mm × 210 mm | 印　　张 | 5.5 |
| 版　　次 | 2017 年 9 月第 2 版 | 字　　数 | 164 千字 |
| | 2008 年 3 月第 1 版 | 印　　次 | 2017 年 9 月第 6 次印刷 |
| 印　　数 | 22121—25120 | 定　　价 | 16.80 元 |

书　　号　ISBN 978-7-5030-3964-5
审 图 号　GS（2016）496 号

## 《测绘地理信息知识丛书·海洋地理系列》编著者

《海洋》　楼锡淳　里弼东　苏振礼

《海峡》　里弼东　楼锡淳　凌　勇

《海湾》　楼锡淳　苏振礼　元建胜

《海岛》　楼锡淳　凌　勇　元建胜

# 序

人类居住的地球被称为“地球村”。这个地球村，有陆地，有海洋。陆地、海洋形成了人类优美的生存环境。可惜，人没有鳃，不能在水下长待，只能长期生活在陆地上。为了生存的需要，几千年来，人们获取了地球（陆地）大量的信息和资源。伴随世界现代化进程，获取信息和资源的手段越来越先进，成果也越来越丰富。但与此同时，人们发现：随着人口的快速增多，地球陆地上的资源已逐渐枯竭，空间也显得越来越拥挤。于是，人们想到要谋求新的发展空间：有人提出向地下发展，然而地下空间狭窄而黑暗，作为地下通道、人防和商业经营尚可，长期居住不太适宜；有人提出向太空发展，可是太空过于遥远，迁徙技术复杂，耗资巨大，且有无适合人类居住的星球尚不得而知。相比之下，海洋则离我们很近，而且海洋面积占地球表面积的 70.8%，非常广阔。我们的祖先早已在海里捕鱼捉蟹，在海上航行，用海水制盐……近百年来，世界许多国家已开始大规模地对海洋进行测量、调查和研究，开始获取大量的海洋信息，大踏步地向海洋进军，许多国家开始开发以海洋石油为代表的海洋资源。

海洋是一个广袤的地域，也是一个巨大的信息载体。由于人类对海洋的研究起步较晚，又由于海洋地理环境更为复杂，人们获取海洋地理信息难度更大，因此，与陆地信息相比，至今为止获取的海洋地理信息还很有限。了解海洋、研究海洋、开发利用海洋将大有可为。

然而，对海洋获取信息也好，对海洋资源进行开发利用也罢，其技术和手段与对陆地开发相比还是很落后的。20世纪末有人统计，较精确测量、调查过的海洋区域仅占海洋总面积的1/3，1/3面积的海洋只进行过非专业的测绘和粗放的调查，还有1/3海域则属信息空白区。

我国的海洋测绘、调查和研究工作，在近几十年，尤其是改革开放以来，取得了长足的进步，海洋开发利用事业也空前活跃，海洋经济在国家经济建设中已有了举足轻重的地位。海洋事业与工业、农业、商业一样，已形成一个产业。但是，这些还只局限于涉海部门和沿海地区，在全国范围内还有待进一步提高认识，从而让更多的人力、物力投入到海洋事业当中，使海洋事业与国际接轨，在国家建设中发挥更大的作用。

《测绘地理信息知识丛书·海洋地理系列》正是在这一形势下催生的作品。

该丛书的作者长期从事海洋信息研究，并在20多年百科全书海洋地理条目写作过程中积累了大量知识和资料，据此写作本丛书。

该丛书选择“海洋”（海洋地理的总论、综述）和“海湾”“海峡”“海岛”的基本理论和海洋地理形态加以阐述。在各册的上篇中，综合各家之言，论述了海洋、海湾、海峡和海岛的分布、形成、分类、地形、水文、气象等自然地理现象以及资源、经济、政治、军事、法律等人文地理基础知识。下篇则提供了区域海洋地理的丰富信息。

该丛书的特点，一是科普性，全书文字流畅简练，通俗易懂，图文并茂，编排灵活，引人入胜；二是系统性，全套丛书的理论部分系统地介绍了海洋地理的基础理论知识，描述深入浅出，区域地理部分系统地介绍了所选地貌形态主要地域的自然地理和人文地理信息，文词条理清晰，便于阅读；三是信息化，丛书各册突出为读者提供综合的各家研究成果——理论信息，以及长期以来测绘、调查的成果——区域地理信息，读者读后定会收获颇丰。但是由于人力和经费的限制，本丛书只出了四册，作为海洋地理知识库，这是不够的，还可以出版多册，如《海岸》《海底》《海港》等。又因为作为科普著作，本丛书的理论部分不可能收入更为精深的内容，区域部分也因篇幅的限制难以提供更多的信息，这是一个遗憾。

21 世纪是海洋世纪。我们推荐这套《测绘地理信息知识丛书·海洋地理系列》，希望起到抛砖引玉的作用，愿有关各界出版更多更好的介绍海洋地理乃至整个海洋学的科普著作，为开发人类新的空间——海洋添砖加瓦。

中国测绘地理信息学会科学普及工作委员会<br>2017 年 2 月

# 修订版前言

我国倡导的“一带一路”经济发展战略，尤其是21世纪海上丝绸之路建设的实施，对推进我国海洋经济发展和海上国际合作带来了新的动力和发展机遇。积极融入“一带一路”建设，已成为社会各界的共识和行动。

这套海洋地理信息知识丛书能为读者奉献一些有价值的、适用的知识和信息，是我们真诚的愿望。作者、编者和读者一样，都在契合国家发展战略，增强开放意识和海洋意识，以坚定的信心和扎实的工作为社会发展做出自己的贡献。因此，当测绘出版社要求我们对此丛书的2008年版进行修订时，每位参与编写的人员都认为，这是我们义不容辞的责任。

修订工作主要包括这些方面：一是更新了一些数据，特别是经常处于动态变化的项目，例如沿海城市的人口、港口货物吞吐量和海上油气产量，能搜集到的，尽可能按新近公布的资料更新；核对在建工程的进度等。二是对个别文字、语句的加工，在准确简练和通顺表达方面力求更进一步。三是订正个别内容的疏漏或偏差，例如不同章节或页面对同一事物细节描述不一致的情况。

本次修订工作是在测绘出版社编辑指导下进行的，他们的敬业精神，严谨细致、一丝不苟的作风，促进了本丛书在原版本的基础上，质量和可读性方面有所进步。本丛书的主要策划和撰写者楼锡淳教授、苏振礼高工，自这套丛书2008年出版以来，持续搜集、分析相关资料，并组织了修订活动，他们学无止境的精神值得年轻同事们学习，也谨以此丛书作为楼锡淳教授八十岁寿辰的贺礼。

参加丛书修订工作的人员还有：凌勇，申家双，王耿峰，张哲。

我们感谢广大读者对这套海洋地理信息知识丛书的关注，并热切希望你们继续对本书的内容和形式提出宝贵意见。

2017 年 4 月

# 第一版前言

人类已经跨入充满希望的21世纪，21世纪是海洋世纪。海洋中蕴藏有极其丰富的生物、矿产、化学、动力和水资源，而且在陆地人口不断增加、可耕地越来越少、人类陆上活动空间日显拥挤的情况下，海洋将成为人类生存与发展的广阔空间。20世纪的许多有识之士提出了“向海洋进军”的口号。

向海洋进军，首先要研究海洋，了解海洋。在这方面，许多海洋科学工作者已经做了大量的工作，取得了可喜的成就。为了普及海洋知识，促进海洋科技进步和海洋事业的发展，我们编写了这套海洋地理知识丛书。

本丛书分《海洋》《海湾》《海峡》《海岛》四册。每册包括上下两篇。上篇为普通海洋地理，扼要介绍海洋、海湾、海峡、海岛的地理基础知识，包括形成、分类、地形、水文、气象、资源、交通、法律、经济、军事等方面的内容；下篇为区域海洋地理，全面介绍已命名的所有洋和海，较重要的海湾、海峡，较大的群岛、岛屿及部分特色小岛的自然地理和人文地理概况。

本丛书可供从事与海洋相关的水产、石油、运输、旅游、环保、调查、科研、教学等行业参考之用，也可供对海洋感兴趣的普通读者了解海洋地理一般知识用。本书力求图文并茂，文字简明扼要、通俗易懂。

丛书各册的上篇均由楼锡淳撰写。下篇：《海洋》由楼锡淳、里弼东、苏振礼编写，《海湾》由楼锡淳、苏振礼、元建胜编写，《海峡》由里弼东、楼锡淳、凌勇编写，《海岛》由楼锡淳、凌勇、元建胜编写。丛书的地理数据主要源自《中国海军百科全书》《中国军事百科全书》和海图，地图插图主要源自中国地图出版社出版的《世界地图集》。

本书在出版过程中，得到了海军司令部航海保证部、天津海洋测绘研究所和中国测绘学会科学普及工作委员会的大力支持，在此深表感谢。

由于有关海洋的知识十分丰富，作者掌握的资料有限，多位作者撰写的角度也不尽相同，不足之处在所难免，敬请读者批评指正。

2008年3月

目录 CONTENTS

## 上篇　海洋资源复合区——海湾

目录

CONTENTS

## 下篇 世界海湾一览

# 目录

# CONTENTS



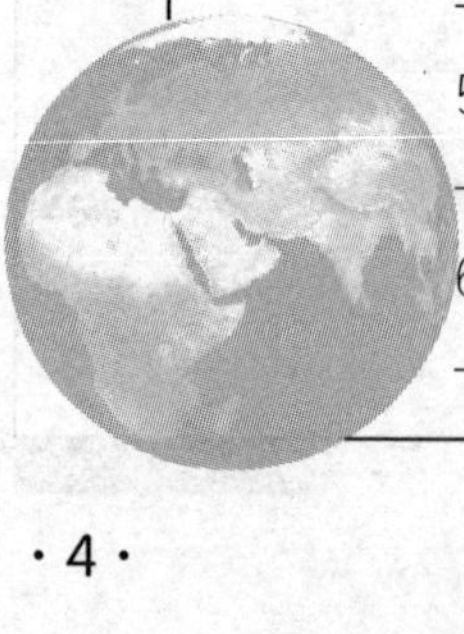

# 目录

# CONTENTS

# 上篇

# 海洋资源复合区——海湾

# 一、认识海湾

沙滩、波浪、小岛点缀着曲折的海岸线，港口、海滨游乐场、船舶在海湾中熙熙攘攘。地球上有绚丽的瓜拉巴纳湾，酒一样颜色的那不勒斯湾，以“潮汐景观”著称于世的杭州湾，海岸曲折的波的尼亚湾、芬兰湾、里加湾，还有以军港著称的金兰湾，形似香蕉、以出产石油著称的波斯湾……

海湾是世界海洋的重要组成部分。我们常将海洋分成洋、海、海峡和海湾四部分。其中特别广袤、浩瀚的海洋主体部分叫做洋；靠近大陆边缘，并由陆地、岛屿或海底隆起与大洋分隔开的水域称为海；两块陆地之间连接两个海洋水域的较狭窄的水道叫做海峡；还有一部分就是海湾。

什么是海湾？《联合国海洋法公约》（1982 年）第 10 条第 2 款规定：“海湾是明显水曲，其凹入程度和曲口宽度的比例，使其有被陆地环抱的水域，而不仅为海岸的弯曲。但水曲除其面积等于或大于横越曲口所划的直线作为直径的半圆形的面积外，不应视为海湾。”意思是说：弯曲的海岸线形成的被陆地包围的水域（见图 1 中加晕线的水域）面积等于或大于以湾口两角（A、B）连线（AB）为直径的半圆，才可看成是海湾（见图 1a）；否则，就不能算是海湾（见图 1b）。根据这一规定，

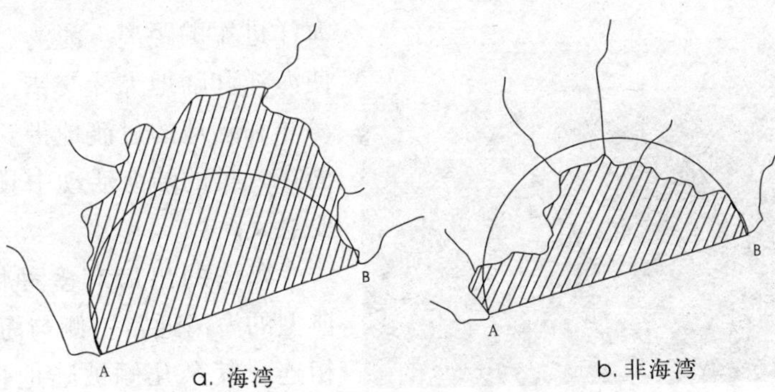


图 1　海湾是海洋深入陆地形成明显水曲的水域

● 世界十大海湾

(面积:平方千米)

| | |
|---|---|
| 1.孟加拉湾 | (217.2万) |
| 2.墨西哥湾 | (154.3万) |
| 3.几内亚湾 | (153.3万) |
| 4.阿拉斯加湾 | (132.7万) |
| 5.哈得孙湾 | ( 81.9万) |
| 6.卡奔塔利亚湾 | ( 69.9万) |
| 7.巴芬湾 | ( 68.9万) |
| 8.大澳大利亚湾 | ( 48.4万) |
| 9.亚丁湾 | ( 25.9万) |
| 10.波斯湾 | ( 24.1万) |

像北美洲西岸北侧的阿拉斯加湾，澳大利亚南岸的大澳大利亚湾、非洲西南岸的几内亚湾等都不能视为海湾。海洋地理的科普文章中通常不使用这一严格的定义，而是使用约定俗成的习惯称呼。

当前多数地理学著作和辞书中，通常把海湾定义为：海洋延伸入陆地的水域。

但这个定义过于简单，使海湾和海的概念很难被区分开。

我们认为：海湾应是海洋深入陆地形成明显水曲的水域。

## 二、海湾的形态

全世界大大小小的海湾数以万计，仅我们中国面积在10平方千米以上的海湾就有150多个。这些海湾分布很不均衡，绝大部分分布在亚、欧、北美三大洲的周围。海岸线平直的非洲、南美洲、南极洲和澳大利亚大陆，海湾不多。海湾与海和海峡同为海洋的边缘部分，并且常常与半岛相伴相生。半岛是人类走向海洋的跳板，海湾则拉近了人类向海洋进军的距离。海湾、半岛使海洋和陆地犬牙交错，成为海洋和陆地的过渡地带，使海湾在人类的陆海活动中具有重要意义。

爱尔兰丁格尔半岛丁格尔湾附近的海岸

海湾的出口有多种情况。典型的海湾通常一侧与海或洋相连，其余几侧被陆地包围，如我国的渤海湾、辽东湾、莱州湾。海湾与海或洋相连的一侧，多数以湾口的两个岬（jiǎ）角[①]的连线作为与海或洋的分界线，如澳大利亚北部的卡奔塔利亚湾以阿纳姆角与斯莱德角连线为界与阿拉弗拉海相连；有的海湾向海一侧有两个出口，如我国雷州半岛和海南岛以西的北部湾，南侧出口在海南岛的莺歌嘴和越南的莱角之间，东侧出口为海南岛和雷州半岛之间的琼州海峡；还有的海湾湾口有若干岛屿，常以陆地上的岬角与岛屿的连线为界，形成岛和陆或岛屿之间的多条水道通海或洋，如波罗的海东部的里加湾湾口有萨雷马岛、希乌马岛等岛屿，形成伊尔贝海峡等多条通道接波罗的海；有些海湾在另一端也有出口，通向另一个海洋或另一个海湾，如印度洋西北部的亚丁湾，东侧连阿拉伯海，西侧经曼德海峡通红海，又如印度洋北部的阿曼湾，东南连阿拉伯海，西北经霍尔木兹海峡通波斯湾；还有一种湾，两端出口均为海峡，如格陵兰岛西侧的巴芬湾，其东南出口为戴维斯海峡，出海峡入大西洋，北出口为史密斯海峡、内尔斯海峡和罗布森海峡，出海峡入北冰洋，其本身实际上是海峡的组成部分，只不过其宽度略大而已。

**海湾的平面形态**

| | |
|---|---|
| 半圆形 | 渤海湾 |
| 梯形 | 卡奔塔利亚湾 |
| 方形 | 曼谷湾 |
| 三角形 | 洪都拉斯湾 |
| 喇叭形 | 杭州湾 |
| 葫芦形 | 委内瑞拉湾 |
| 狭长形 | 加利福尼亚湾 |
| 口大腹浅形 | 大澳大利亚湾 |
| 口小腹大形 | 哈得孙湾 |
| 多支汊形 | 江华湾 |

海湾大小悬殊。世界最大的海湾——孟加拉湾面积达 217.2 万平方千米，比许多海的面积还要大；小的则不足 1 平方千米。

海湾的平面形态千差万别。有的呈半圆形，如我国的渤海湾；有的呈方形，如曼谷湾；有的呈三角形，如加勒比海西端的洪都拉斯湾；有的呈喇叭形，如我国的杭州湾；有的呈葫芦形，如委内瑞拉湾；有的呈狭长形，如北美洲太平洋沿岸的加利福尼亚湾。但是，多数海湾的平面形态呈不规则状态。有的海湾口宽而纵深不大，如大澳大利亚湾；有的口窄而腹大，如哈得孙湾；有的湾中有湾，如墨西哥湾中的坎佩切湾；

① 岬角为突入海中的尖形陆地。

有的湾中有很多支汊，如朝鲜半岛西岸的江华湾……

# 三、海湾的分类

众多的海湾分布在不同的位置，有不同的平面形态和地貌特征，也有其各自的形成原因。根据不同的标志，对海湾可有多种分类方法，常见的主要有两种（见表1）。

表1　海湾的分类

<table>
<tr><td rowspan="9">按海湾所处位置和地貌特征分类</td><td rowspan="3">位于大洋边缘的海湾</td><td colspan="2">大洋水域凹进大陆形成的开阔海湾</td></tr>
<tr><td colspan="2">与大洋水域呈显著隔离状态的广大水域形成的海湾</td></tr>
<tr><td colspan="2">受年轻断裂控制的海湾</td></tr>
<tr><td rowspan="2">位于大洋大陆架上的海湾</td><td colspan="2">外形比较封闭的海湾</td></tr>
<tr><td colspan="2">湾口向大洋敞开的海湾</td></tr>
<tr><td rowspan="3">位于陆间海和边缘海中的海湾</td><td colspan="2">只有深水部分的海湾</td></tr>
<tr><td colspan="2">既有深水部分又有大陆架的海湾</td></tr>
<tr><td colspan="2">全为大陆架的海湾</td></tr>
<tr><td colspan="3">位于大陆架海的海湾</td></tr>
<tr><td rowspan="12">按海湾的成因分类</td><td rowspan="2">原生型</td><td colspan="2">构造湾</td></tr>
<tr><td colspan="2">火山口湾</td></tr>
<tr><td rowspan="3">次生型</td><td colspan="2">潟（xì）湖[①]湾</td></tr>
<tr><td colspan="2">连岛坝湾</td></tr>
<tr><td colspan="2">三角洲湾</td></tr>
<tr><td rowspan="7">混合型</td><td colspan="2">基岩侵蚀湾</td></tr>
<tr><td colspan="2">环礁湾</td></tr>
<tr><td colspan="2">峡湾</td></tr>
<tr><td rowspan="4">河口湾</td><td>沉溺河口湾</td></tr>
<tr><td>构造河口湾</td></tr>
<tr><td>堡岛河口湾</td></tr>
<tr><td>峡江河口湾</td></tr>
</table>

① 潟湖为浅水海域被沙嘴、沙坝或珊瑚礁封闭或接近封闭而成的湖泊。

## 1. 按照海湾所处的位置和地貌特征进行分类

按照海湾的位置和地貌特征进行分类，又可分为四种（见表1）。

（1）位于大洋边缘的海湾

大洋水域凹进大陆形成的开阔海湾，如阿拉斯加湾、孟加拉湾、大澳大利亚湾、几内亚湾、比斯开湾等。这种海湾一般面积较大，湾口开阔且深度大，水深通常达数千米，湾口宽度大于湾的纵深，地理特征受大陆影响小，湾水与大洋水能自由交换，水文、生物等特征与临近的大洋相似。

海湾风光

与大洋水域呈显著隔离状态的广大水域形成的海湾，如墨西哥湾、巴芬湾等。地质上属构造洼地：如墨西哥湾是中生代开始至第三纪最终形成的地槽洼地；巴芬湾为裂谷洼地。平面形态上湾口较小，以海峡与大洋相通：如墨西哥湾通过窄而浅的佛罗里达海峡和尤卡坦海峡经加勒比海通大西洋；巴芬湾则经戴维斯海峡通大西洋，经史密斯海峡、内尔斯海峡和罗布森海峡通北冰洋。这种湾与大洋水的交换较第一种弱，其中墨西哥湾只因大西洋环流的分支经过而较为通畅。

受年轻断裂控制的海湾，如阿曼湾、亚丁湾、加利福尼亚湾。这种海湾面积比前两种小，外形受断裂方向控制，通常深度超过1 000米，与大洋水交换通畅，但断裂窄而长的（如加利福尼亚湾），与大洋水交换受限制。

（2）位于大洋大陆架上的海湾

这类海湾的深度浅于第一种类型。通常经过多次冰期的影响，最后形成于更新世。外形受地质条件影响。

一种是外形比较封闭的海湾，如哈得孙湾，通过几个狭窄的出口和戴维斯海峡通大西洋，其海水与大洋交换困难。另一种是湾口向大洋敞开的海湾，如北美东岸的芬迪湾、澳大利亚南岸的斯潘塞湾等。这种海湾面积不大，湾口直通大洋，与大洋水的交换畅通。

（3）位于陆间海和边缘海中的海湾

此类海湾一般面积较小，远离大洋，深入陆地，通常受陆地影响较大，水文状况则受湾的外形影响明显。根据海底地貌特征可分为三种：其一，只有深水部分的海湾，如红海北部的亚喀巴湾；其二，既有深水部分又有大陆架部分的海湾，如加勒比海西部的洪都拉斯湾、地中海南部的苏尔特湾等；其三，全为大陆架的海湾，这类海湾很多，通常海水比较浅，如我国东海及南海沿岸的多数海湾、鄂霍次克海北部的舍利霍夫湾、白令海东部的布里斯托尔湾、南海西南部的泰国湾、红海北部的苏伊士湾、黑海北部的卡尔基尼特湾等。

（4）位于大陆架海的海湾

大陆架海主要集中在亚欧大陆北侧的北冰洋、北太平洋和北大西洋的沿岸，面积一般不大，最大深度在200米左右，因而大陆架海中的海湾通常面积和深度都比较小，如北冰洋沿岸的白海、东西伯利亚海、楚科奇海中的海湾，北大西洋波罗的海中的波的尼亚湾、芬兰湾，太平洋渤海中的辽东湾、渤海湾、莱州湾，黄海中的西朝鲜湾、海州湾等。

## 2. 按照海湾的成因进行分类

按海湾的成因分类可分为原生型、次生型和混合型三大类（见表1）。

（1）原生型海湾

原生型海湾是指地质构造和地壳运动形成的未经地球外营力大规模改造的海湾。原生型海湾一旦形成，其形态变化极为缓慢。按其不同的成因还可分为构造湾和火山口湾。

①构造湾，是在地质构造塑造的沿海岸地带的陆地和海底地貌的骨架上形成的。沿海的陆地山脉及其支脉伸入海中，形成突出的半岛或岬角，而山间谷地、凹地被冰后期的海水浸入形成深入陆地的海湾，或者沿陆地山脉弯曲走向形成明显水曲。这种海湾广泛分布于世界各地，数量很多，如我国杭州湾以南、辽东半岛和山东半岛的许多海湾。地壳运动常常可以形成大型的海湾，如陆地沉降形成的墨西哥湾，沉积凹陷形成的北部湾，地层断裂形成的波斯湾、加利福尼亚湾等。

②火山口湾，是火山口被海水浸入形成的海湾。火山口湾一般面积较小，数量也不多，比较典型的有我国北部湾中涠（wéi）洲岛、斜阳岛边的火山口湾。

（2）次生型海湾

次生型海湾是指与地质构造和地壳运动无直接关系，由陆地流水、海水动力等地球外营力作用形成的海湾，如潟湖湾、连岛坝湾、三角洲湾等。次生型海湾的演化速度比原生型海湾要快得多。

①潟湖湾，在堆积型海岸及沿岸流比较强的地区，受沿岸流的搬运作用形成的沙嘴、沙堤，与陆岸共同围成的海湾。这种海湾通常分布在潮差较小的地区，一般面积不是很大，但世界各地分布较广。我国山东、广东、海南等省沿海均有分布。比较典型的有波罗的海南岸的库尔斯湾及墨西哥湾沿岸的许多小海湾。

②连岛坝湾，是随着陆连半岛的形成而形成的。岸外的岛屿受波浪的冲蚀形成泥沙流，泥沙流进入岛后波影区，流速减弱，搬运能力降低，泥沙堆积下来形成沙嘴，并逐渐向陆岸延伸，最后形成连岛沙坝，连岛沙坝与岸外岛屿便成为陆连半岛，陆连半岛与陆岸围成的海湾称为连岛坝湾。这种海湾通常面积较小。我国山东的芝罘（fú）湾和葫芦岛北侧的锦州湾是最典型的连岛坝湾。

③三角洲湾，是由建设型三角洲的出现而形成的海湾，如我国渤海西部滦（luán）河三角洲和现代黄河三角洲之间的渤海湾、现代黄河三角洲以东的莱州湾、缅甸伊洛瓦底江三角洲以东的莫塔马湾、非洲尼日尔河三角洲西侧的贝宁湾等。

（3）混合型海湾

混合型海湾是指在地质构造和地壳运动形成的地貌基础上，在水动力、冰川磨蚀和生物作用等地球外营力影响下形成的海湾，主要有基岩侵蚀湾、环礁湾、峡湾和河口湾四种。混合型海湾形成后的演化速度介于原生型海湾和次生型海湾之间。

①基岩侵蚀湾，是在原地质岩层的基础上，比较疏松的区段因波浪和潮汐的冲蚀而后退，比较坚硬的区段成为岬角或半岛，两角或两半岛之间形成的有明显水曲的海湾。基岩侵蚀湾一般规模比较小，在

我国杭州湾以南有分布。

②环礁湾，主要分布在南、北纬 20° 之间适合于生长珊瑚虫的浅海区。环礁形成的基础是浅于 40 米的海底平顶山，由珊瑚虫遗骸和少量石灰藻、贝壳等长期聚结而成。环状或马蹄状的礁石上常有珊瑚岛，岛礁环绕的水面称礁湖，即环礁湾。环礁湾以太平洋中部和西部、澳大利亚东北部、印度洋西部和大西洋西部等海区最多。太平洋夸贾林环礁中的礁湖面积 2 850 平方千米，为世界上最大的环礁湾。

③峡湾，常见于高纬度地区，最著名的是挪威沿岸的峡湾。此外，峡湾还分布在斯瓦巴德群岛、格陵兰岛、新地岛、阿拉斯加、加拿大北极群岛和拉布拉多半岛、智利海岸南段和新西兰南岛等。峡湾是在地质构造基础上经冰川作用和地壳升降的影响而形成的。地球上曾有过多次的冰期和间冰期。在冰期，大陆被厚厚的冰层覆盖，在重力作用下，巨冰沿原来的河谷和山谷下滑，谷地被侵蚀，山嘴被切削，谷底被蚀低成“U”形槽。间冰期开始后，冰川开始解冻，加速了移动和侵蚀，海岸地区的冰川向海里移动，开出一条深深的槽谷①。冰川融化，海面上升，海水淹没槽谷，形成众多弯曲、狭长而陡深的峡湾。

④河口湾，是指河流在入海口形成的海湾。世界上大多数海湾都有大大小小的河流注入。但不是所有这些有河流注入的海湾都称为河口湾。因此，科学家们给河口湾下了一个更为科学的定义：有大量淡水径流补给的、能自由地与开阔外海相联系的、半封闭的海岸水域。河口湾是在地质构造或地壳升降因素，以及河水侵蚀或堆积因素共同影响下形成的，按照形成过程不同，又可分为四种。

**海湾之最**

最大的海湾
孟加拉湾
面积217.2万平方千米
最长的峡湾
诺德韦斯特峡湾
总长313千米
最大的海湾暖流
墨西哥湾流
宽80~200千米
潮差最大的海湾
芬迪湾
平均潮差14.5米
最大潮差21米
盐度最低的海湾
波的尼亚湾
湾首盐度仅2‰

① 槽谷即冰川谷、U 形谷。

沉溺河口湾。在冰期，大量海水化为陆地上的冰川，海面下降。在间冰期，冰川大量消融，海面又上升。当地壳下沉或海面上升时，海水就会淹没河流下游河口附近的低地，形成三角形的河口湾，如我国的杭州湾。

构造河口湾。在海岸地带，地壳活动造成断层或地块下陷，海水侵入形成海湾。这种海湾如果没有流量较大的河流流入，就是原生型的构造湾；如有较大河流流入，就是构造河口湾，如我国的胶州湾、三都澳、美国的圣弗朗西斯科湾等。

堡岛河口湾。在河口外有堡岛排列，堡岛是在泥沙来源丰富、陆架坡度很小的地区，在海浪作用下建造起来的平行于海岸的长条沙洲。这些沙洲受河水和潮流冲刷，形成许多缺口，使有河水注入的湾内水体与外海水体能自由出入，如美国帕姆利科湾。

峡江河口湾。有大量淡水补给的（或者说是有较大河流注入的）峡湾即为峡江河口湾；反之，如果没有河流注入或注入的河流很小，不是以大量淡水影响湾中水体为水文特征的，就是普通的峡湾。

## 四、海湾的地理特征

### 1. 地貌特征

海湾的海岸和海底地貌极其多样，这是因为不同的海湾都有自己的地质构造及其发育特征，也就是说，海湾的地貌形态与其成因关系密切。

构造湾由于构造类型不同，海岸和海底地貌特征很不一致。强度低而均一的基岩所形成的海湾，形态简单而浅，如波罗的海的里加湾，海底平坦，最大深度仅 54 米。平行的断裂形成两岸平行的海湾，两岸陡峭，海底陡而深，如加利福尼亚湾，宽仅 150 千米，平均深度 800 米，最大深度达 3 280 米。在遭受不均一的变形和隆起的地区，海湾轮廓和海底地貌比较复杂，如圣劳伦斯湾，北为拉布拉多半岛，南为新斯科舍半岛；东边的纽芬兰岛将湾口分成两部分，北是贝尔岛海峡，南是卡伯特海峡；海岸曲折，南口还有布雷顿角岛等岛屿，湾中还有安蒂科斯蒂岛、爱德华王子岛等众多的岛屿，海底起伏不平。平缓丘陵地区的海岸通常岬湾相间，岬角处海岸较陡，两岬角间的湾岸低平，多新月形沙泥滩，水深逐渐向外海加大，如我国辽东半岛和山东半岛的海湾。低山丘陵地区的下沉海岸，多海湾，海岸曲折，海湾外形较复杂，湾中多岛屿、礁石，如我国福建的兴化湾，湾中又有许多小湾，湾口有南日群岛，湾中海底地形极其复杂，岛礁数以百计。

潟湖湾和连岛坝湾通常规模较小，多数海岸低平，岸滩和湾底以泥沙为主，海底浅而平缓，但变化较快。潟湖湾的沙嘴、沙坝继续发展会使潟湖湾演变成海岸潟湖。

三角洲湾的海岸一般为低平泥沙岸，海底多为泥沙质或淤泥质浅水域。河口附近岸线变化快，有的每年以百米甚至数千米的速度向海推移，使湾的平面形态迅速发生变化。河口的淤泥随着沿岸流的方向移动，使海湾的某些部位不断淤浅。

环礁湾一般被环状的珊瑚岛礁所环绕，有多个出口通外海。湾外海底陡深，湾内多礁石，海底起伏大，但一般深度浅于 40 米。

峡湾通常可向内陆延伸很远，长度从数百米至数百千米，世界上最长的峡湾是北美洲格陵兰岛的诺德韦斯特峡湾，其总长 313 千米；宽度从数十米至数千米；有许多峡湾深度也很大，如挪威的松恩峡湾，深达 1 234 米。峡湾中上游深度通常比下游更大，这是因为靠近源区冰川侵蚀力较大，而到出口处冰逐渐融化，侵蚀力相应减小。许多峡湾的底部有岩槛[①]，这与原冰川谷在纵剖面上有冰坎[②]与冰盆[③]交替出现有关。冰川在冰坎上流速快而侵蚀量小，在冰盆中则下蚀加深。岩槛会造成淤泥的堆积。峡湾的横截面通常呈 U 形，谷底平直，谷坡较陡。U 形谷的下部在水下，两壁从水面向上可达数百米。峡湾的分布常常很集中，相邻峡湾之间往往由横向谷状海峡连接，在海岸附近形成众多的岛屿，向内地则呈指状甚至鹿角状的多叉延伸。有时谷源仍留有小型冰川，冰消失

① 岩槛为深邃的峡湾口部类似门槛隆起的岩石。

② 冰坎为冰川谷地中横向隆起的陡坎。

③ 冰盆为冰川谷地中冰坎以上的盆地。

后，塑造原有谷地的河流会重新出现在上游谷底，并在峡湾顶端形成三角洲。这些三角洲是峡湾中唯一能建城镇和港口的地方。密集分布的峡湾使海岸异常曲折，沿岸岛屿众多。挪威南北延伸 1 770 千米的国土，海岸线长达 2 万多千米，沿岸分布约 15 万个岛屿。

低浅的峡湾称为伏崖湾，通常见于地势相对低洼的海岸地带，成因与峡湾相同；也可以很深，并且湾口下面也可能横亘一条海底门槛，但形状比峡湾更不规则，常常由迷宫般的水道连接起来。但一般并不是由河流补给的河口湾。

河口湾虽然成因有多种，但在地貌形态上有一个共同特点，就是都有一个河口湾盆地。这种盆地根据其成因有构造作用盆地、冰川作用盆地、河流作用盆地和沉积作用盆地。河口湾的地貌随着海平面的变化、沉积物的淤积、植物的生长和人类的活动而变化。海平面下降，河口湾向海推移，两岸露出新的陆地；海平面上升，河口湾会向内陆延伸。对河口湾地貌形态影响最大的是河流带来的泥沙。河水进入河口湾后，流速迅速减缓，较粗的泥沙很快下沉，在湾顶附近堆积下来。由于河口湾的淡水在上，且向外流，咸水在下形成逆向流动，开始不能充分混合，河流泥沙沉入咸水后产生逆向输送。这个过程可一再反复。因此，较细的泥沙在河口盆地的外缘才逐渐沉淀。所以一般河口湾的沉积物上游部分以沙和淤泥质沙为主，向外海逐渐过渡为淤泥和黏土。河口湾的沉积物也有从外海获得的，但多沉积在外海的盆地边缘，且数量较少。大量的河流泥沙的堆积，会使河口湾越来越浅，水面越来越窄。久而久之，河口湾会被填满，原来的河口湾就不复存在了，并在此形成河流三角洲。当然，河流的泥沙还会堆积在河口之外的两侧，形成规模较小的新的河口湾。根据考证，我国长江口在 5 500 年前是一个形如现代杭州湾的河口湾，经过每年几亿吨的河流泥沙的沉积，逐渐将河口填满，形成现代凸出的长江三角洲，位于崇明岛两侧的新的河口湾比老的河口湾要小得多。

### 2. 水文特征

（1）海湾水文的一般特征

不同海湾的水文特征差别很大，这是因为海湾的平面形态、大小、深度、海底地貌，尤其是与外海的隔离程度和气候条件各不相同。

湾口开阔、面积和深度大、纵深小的海湾，如大澳大利亚湾、阿拉斯加湾、几内亚湾等，水文特征常与湾外海洋一致，难以形成自身独立的水文特征。湾口宽阔、面积和深度大，但纵深也大的海湾，因受沿岸陆地（气候和河流注水）的影响，水文状况略异于外海，但湾水与外海可自由交换，水文状况没有显著的特征。如孟加拉湾的水文状况与其外侧的印度洋差别不大，唯一的差别是在冬季受区域东北季风的影响，形成与北印度洋有别的反时针环流。

湾口小，或湾口有槛与外海隔离程度大的海湾，会阻碍湾内海水与海洋水的交换，导致湾水运动滞缓，氧气不足。但是，口外海流受湾内河水注入和地方风的影响，可以形成独立的海水循环，如哈得孙湾有湾外挟带冰块的海流从福克斯湾流入，形成反时针环流，从哈得孙海峡流出。湾口狭窄，与海洋隔离程度大，但轮廓简单的海湾，在气压变化或地震一类的构造运动影响下，会有驻波①发生，如波罗的海的芬兰湾、北海的黑尔戈兰湾。

深度向湾顶逐渐减小的喇叭形海湾，容易形成涌潮，使湾顶的潮差比外海大数倍，如杭州湾的钱塘潮，最大可达 8.87 米。在“喇叭”收紧处（浙江省海宁市盐官镇附近），每年农历八月十五以后两三天大潮汛到来之际，涌潮汹涌澎湃的壮丽景观，吸引着成千上万的观潮者。加拿大大西洋沿岸的芬迪湾的潮差为世界之最，可达 18~21 米。长而浅的海湾内，当有风从外海吹入时，容易形成暴风涌浪，使水位剧增，引起水灾。长海湾或者有槛的海湾，湾底易于淤泥堆积。

在潮湿气候区，湾水易被河水淡化，如在波罗的海边缘的一些海湾内，盐度仅 10‰左右。干旱地区的海湾，海水蒸发强烈，又很少有河流注入，盐度常常很高。干旱地区的浅海湾，还会有碳酸钙沉积发生。

相对隔离的海湾内，外海的波浪有的完全不能进入，有的进入后也大大减弱。这种海湾是人类进行海洋活动的理想场所。

---

① 两列振幅相同的波沿相反方向传播时叠加而成的波称为驻波。驻波是波的一种干涉现象，在声学、光学等学科中都有重要的应用。

（2）河口湾的水文特征

河口湾的水文状况，与其他海湾相比，有明显的特征。影响河口湾水文状况的主要因素是河流注水、潮汐、风和冰等。

河流带入湾中大量的淡水和泥沙，与海水产生相互作用，形成河口湾独特的水体运动和泥沙堆积过程。由于淡水轻于海水，入海时的河流淡水浮于海水之上。河水由于惯性而流向河口远处，远处的海水就从底部流向河口，海洋学中把这种水体运动形式称为河口湾水体循环。海湾中这种独特的水体循环，使上层淡水和下层咸水不能充分混合。当淡水中的泥沙类物质沉入咸水层后，又顺着咸水沿底部逆向输送，并有可能再次进入表层继续迁移。在颗粒最后沉至海底之前，这个过程一再反复，使河口湾上层存在一个混浊带。在潮汐作用不是很强的河口外，这个混浊带与外海有明显的分界线，界线两侧海水清浊分明。河流的排泄量对上述特征有重要的影响：F 排泄量大，上述特征明显；排泄量小，河口湾水体的特征接近于外海海水。这种排泄量大小，反映在注入河口湾河流的大小，也反映在注入河流处于洪水期或枯水期。

潮汐作用，可以加速河口湾中淡水和咸水的混合。

风对河口湾水文特点也产生一定影响。风浪可加速淡水和咸水的混合，同时也可加强或减弱潮流，通过潮流的强弱影响淡水和咸水的混合过程。

冰的影响表现在多个方面。河口湾一部分被冰覆盖，就会使风浪的影响减弱；湾口海峡被冰堵塞变窄，流速将加大而使水的混合作用加强；冰的溶解使水的盐度降低，形成淡水浮于咸水之上的层状水。

### 3. 生物特征

湾口较开阔、能与外海进行通畅的海水自由交换的海湾，生物特征大体上与相邻的海洋相一致。生物的种类随海湾所在的位置而有区别，但生物的数量比较大。原因有三个：第一，无论哪种海湾，湾首都有比较低平的浅滩，而且多数海湾除湾口岬角附近外，这种低平浅滩的范围还比较大。泥沙滩是蠕虫类、软体动物和会掘泥沙的蟹类最好的繁衍生息的场所。上升水流将海底营养盐类带到海水上层，有利于浮游生物的繁殖生长。第二，一些鱼类需要在风浪比较平静的海湾来产卵、繁殖。第三，海湾几面环陆，陆源物质，尤其是河流带进海湾的营养物质多，而且不易流失，有利于鱼类的生长。但是，海湾地区人类活动频繁，海水容易被污染。海洋环境恶化，又直接威胁海洋生物的生存。

海湾一般潮差较大，海岸植物必须能够适应高潮时浸在水中几个小时、低潮时长时间干出的环境。热带海湾最常见的植物是红树林。

各类海湾中最有自己生物特性的是河口湾。河流带入湾中的泥沙，是大多数掘穴动物的栖息地。河流枯水期和洪水期的变化，使河口湾海水盐度变化不定，这对有机生命是最大的危害。要适应这种变化，生物必须有较强的再生能力，或者有适应这种变化的本领。如有的生物有一种渗透力极小的表皮，有的生物能用不同方法随时调节身体的盐度。所以河口湾中的浮游生物通常种类不多，但分布广泛，数量很大。

## 五、海湾的经济意义

### 1. 海湾是海洋资源的复合区

海洋是一个巨大的资源宝库，拥有极为丰富的生物资源、矿产资源、化学资源、动力资源和水资源。海洋不仅拥有陆地上的各种资源，而且还拥有一些陆地上很稀少甚至没有的资源。海湾是海洋的重要组成部分，绝大部分海洋资源都可以在海湾中找到；海湾中的一些资源比其他海域更加丰富，是海洋资源的复合区。

（1）生物资源

海湾伸入陆地，有大大小小的河流注入，带来大量的陆源沉积物和营养盐类，为浮游生物、鱼类提供丰富的养料，是生物资源更加丰富的海域。同时，相对来说，海湾更加风平浪静，是“捕鱼捉蟹”的良好场所。因此海湾自古以来就是渔业比较发达的基地。20世纪以来，远洋渔业虽然迅速发展，但海湾的水产业仍然没有失去它的重要地位。以我国为例，杭州湾口王盘洋为我国最大渔场——舟山渔场的组成部分；北部湾是我国重要的热带渔场，鱼类达500多种，其中钦（qīn）州湾有青蟹、石斑、大虾、大蚝四大名产；海州湾、莱州湾等都是我国重要的渔场。分布在世界各地的大小海湾，由于地理位置不同，气候水文条件也不一样，海洋生物种类很不相同。如泰国湾经济鱼类有羽鳃（sāi）鲐、小公鱼、鲭鱼、沙丁鱼、圆鲹（shēn）、鲱、鲣、马鲛、鲨、鳐（yáo）、鲅（bà）、鲻（zī）等，名目繁多，还盛产对虾和海蜇；墨西哥湾主要有比目鱼、笛鲷（diāo）、鲻鱼及虾、牡蛎、蟹、海绵等；几内亚湾主产沙丁鱼、金枪鱼、鲱鱼等；巴芬湾和哈得孙湾除鳕鱼、大比目鱼等鱼类以外，还有海豹、海象、黑鲸、海豚等哺乳动物；波斯湾除盛产多种鱼类以外，还以珍珠、贝母闻名世界。对于海洋生物资源的开发，除不断扩大捕捞外，有的国家还在研究和试验直接利用海洋浮游植物和藻类提取蛋白质的技术，海洋藻类有可能成为21世纪的重要食物之一；有的国家和地区已由渔猎式向农牧化转变，也就是说由单一的捕捞转变为捕养结合，逐步增加人工养殖、栽培和放牧的成分，以达到稳产高产的目的，如有的国家海水养殖产量已达到水产总产量的30%以上。海湾风浪小，海水较浅，多泥沙滩，营养盐类丰富，海水养殖有广阔的前景。

伸入陆地的海湾

（2）矿产资源

海湾矿产资源中最引人注目的是石油和天然气，其中最闻名的是波斯湾。波斯湾有“石油湖”和“世界石油宝库”之称。波斯湾以湾底为中心，包括沿岸地区，已探明石油储量约900亿吨，占世界总储量的50%以上。世界石油储量最多的10个国家，波斯湾地区就有5个。世界石油年产量超过1亿吨的10个国家，海湾地区就占5个。海湾各国石油年总产量达7亿吨以上，约占世界年总产量的1/4。富藏石油的其他海湾还有：墨西哥湾，仅大陆架上的石油蕴藏量估计就有3.4亿吨，天然气的蕴藏量约 9 600 亿立方米，现在是世界上第二大海洋石油产区，属美国的油、气田产量分别占美国的 1/8 和 1/2 以上，属墨西哥的石油产量约占该国总产量的一半以上；几内亚湾，在尼日利亚、加蓬、刚果、安哥拉等国近海大陆架上都富藏石油，其中以尼日利亚近海最为集中，已大规模开发；委内瑞拉湾，石油产区分布在湾首的马拉开波湖（实际上是委内瑞拉湾的组成部分）及其东北、西北岸，产量占委内瑞拉石油总产量的 75%。20 世纪 70 年代以来有石油开发活动的还有：泰国湾、苏尔特湾、哈得孙湾、圣劳伦斯湾、坎佩切湾、洪都拉斯湾、达连湾、亚马孙河口湾、马拉若湾等。我国的北部湾、珠江口（珠江河口湾）、辽东湾、莱州湾、渤海湾等也都蕴藏有丰富的石油和天然气，且都已投入开采。

海湾石油与天然气的开采

许多海湾还有各种海滨砂矿，著名的有：圣劳伦斯湾的磁铁矿、钛铁矿；墨西哥湾的磁铁矿、钛铁矿、锆（gào）石、金红石、独居石；阿拉斯加湾的金、磁铁矿；白令海诺顿湾的金、磁铁矿；日本有明海的磁铁矿等。此外，有的海湾还有磷钇（yǐ）矿、铌（钽）铁矿、金刚石等。有的海湾海底有煤、铁、硫黄等矿，如加拿大圣劳伦斯湾外纽芬兰、法国塞纳湾附近和芬兰湾海底的铁矿都已经开采。位于大陆架上的海湾有大量的沉积矿物，如用于制造化肥的磷灰石和海绿石。可直接作肥料使用的有机沉积物分布在全世界各个海湾中，仅美国圣巴巴拉湾就有 3 亿吨。钙质贝壳沙是烧制水泥和从海水中沉淀镁的重要原料，含有钙质贝壳沙的矿床主要有冰岛法赫萨海湾、墨西哥湾。一些河口湾中沉积有与河流流域相同矿藏的砂矿，如阿拉斯加湾中萨蒙河口湾的铂金矿、安维克雷克河口湾的金矿、泰国湾的锡砂矿。已探明的硫黄矿主要在墨西哥湾。深度比较大的海湾，如墨西哥湾，深海底还分布有多金属结核。

（3）化学资源

海水中的化学资源相当丰富。自然界中门捷列夫元素周期表中的全部元素在海水中几乎都可找到。它们以盐类形式存在，现在已检出的有40余种，主要是食盐、镁、溴、铀等。许多海湾具有平坦的海岸地带，利于盐田的建设，如中国的辽东湾、渤海湾、普兰店湾、莱州湾、海州湾、杭州湾、碣石湾、红海湾、雷州湾、北部湾等，都有盐田分布。

（4）动力资源

海洋动力资源（即海洋能）被称为“21世纪的能源”。因为海洋从太阳辐射、月亮和地球本身的重力场，以及地球的自转和它内部的热量中取得的能量是取之不尽的，是可以再生的，而且又是一种没有污染的能源。其中部分已被人们利用，如将潮汐能、波能、温差能、海流能、盐度差能转换成电能和机械能。现代运用潮汐能发电技术已经成熟，波浪、温差发电也已初步获得成功。其中潮汐能在海峡、海湾和河口区的蕴藏量特别大，如芬迪湾潮汐能达2 000万千瓦。因此世界上已建成和计划建的潮汐电站多数都在海湾和河口地区，如法国的圣马洛湾，俄罗斯的基斯洛湾、品仁纳湾、图加湾，美国的缅因湾，加拿大的芬迪湾，英国的塞文河口，阿根廷的圣约瑟湾、新湾，印度的肯帕德湾（坎贝湾）等。我国浙江江厦潮汐电站和山东白沙口潮汐电站早已投产。长江北口、杭州湾、乐清湾等都是建设大型潮汐电站的理想地址。

（5）水资源

水是人类生存头等重要的物质资源，也是工农业生产和科学技术发展必不可少的条件。随着人口的不断增加和经济建设的发展，许多国家对淡水的需求量已超过天然淡水所能提供的量，而且这种趋势越来越严重。水资源的紧缺，已成为人民生活水平提高和经济发展的制约因素，因而，开发淡水资源已成为世界性的大问题。经过多方努力，许多国家已找到了不少寻求淡水来源的方法，主要有：①开采地下水，但过度开采地下水会造成地面沉降和海水侵入，而且可供开采的区域和水量都有一定限制；②污水净化重新利用，但技术上难题多、成本高，可利用污水也有限；③跨流域水源调拨，问题是基建规模大，工程艰巨，投资过高，长远来说也只能算是应急措施，且有可能造成原有的生态环境的破坏；④修建水库，是降水量较充沛地区解决淡水短缺的重要手段，但也存在占地面积大、可选作坝址处少等问题，且比较干旱地区这种方法可行性不大。目前最有前途的解决淡水问题的方法是海水淡化。

海洋水源取之不尽，不受季节影响，许多国家都在海水淡化问题上进行了长期的研究和试验，目前在技术上已比较成熟，创造了20多种淡化方法，如蒸馏法、电渗析法、反渗透法、冷冻法等。淡化装置和淡化水产量不断增加。20世纪90年代中期，日本一国的淡化水就日产1 500万吨。美国、中东国家已大量使用淡化海水。

另外，海水还可直接利用。目前世界上直接利用海水的主要领域是工业用水和生活用水。工业上主要是利用海水冷却，其中电力、化工、冶金等是利用海水冷却的主要行业。生活上可利用海水冲厕、中央空调冷却等。利用海水栽培农作物已在大力研究中，且已取得成果。

我国是一个严重缺水的国家，水资源人均占有量是世界平均水平的1/4，列世界88位。但我国又是一个海岸线漫长的国家，沿岸有许多优良的海湾。海湾周围是人口和城市的集中地，通常淡水比较缺乏，但有利于建造海水淡化厂。利用海湾的有利条件进行海水淡化和直接利用海水资源，前景广阔。

## 2. 海湾是人类向海洋进军的前沿基地

首先，海湾是离人类最近的海域。

世界上的海岸线大多比较曲折，尤其是欧亚大陆和北美大陆。曲折的海岸线形成许多海湾和半岛。海湾和半岛使海岸线呈犬牙交错状态，也使海陆更加紧密地联系在一起，成为人类由陆地进入海洋的捷径。而且，与其他海域比，海湾还有许多其他优越的地理条件。如海湾三面环陆，相对而言较风平浪静、环境稳定，受灾害性破坏的几率较低。因而，海湾又是人类走向海洋最安全可靠的海域。自古以来，海湾就是发展渔业、制盐业等的重要场所。

其次，海湾中便于建港。

全世界数以千计的大小港口，大部分建在大小海湾中。我国大陆沿海有30个港口城市位于河口或海湾岸边。首批对外开放的14个港口，有13个位于河口和海湾地区。港口是人类走向海洋的起点，又是从海洋回到陆地的终点，港湾自然就成为人类向海洋索宝、与海外联系不可替代的重要场所。

最后，海湾又是人们利用海洋空间的最好场所。

海湾特别有利于建水上机场。我国第一个水上机场就位于胶州湾中。跨海湾桥梁和隧道的建设已成为当今海洋空间利用的重要方面，最著名的有美国横跨切萨皮克湾两岸的桥梁和隧道相间的通道、圣弗兰西斯科高架于湾口的金门大桥、波斯湾中连接巴林和沙特阿拉伯的长达 25 千米的公路桥。我国已建成的海底隧道有胶州湾海底隧道和厦门翔安海底隧道等；在建的有大连湾海底隧道、青岛地铁 1 号线过海地铁海底隧道和珠江口港珠澳大桥的海底隧道段等。在生产上，海湾中，尤其在港口附近便于建人工岛；在浅海或滩涂有利于围海造地和建海上牧场。在生活上，海湾适合于建设海滨浴场和各种娱乐设施。海湾区域海洋资源的较早开发和海洋空间比较充分的利用，使它成为人们生产生活的重要场所和对外经济活动与文化交流的重要窗口，也成为人们进一步向海洋进军的前沿阵地。

### 3. 海湾的港口城市是经济发展的火车头

自从世界航海业发展起来之后，世界各地的海港如雨后春笋般迅速增加，海港成为国家和地区间经济文化交流的要地。海港城市的工商业、交通运输业、金融业和服务性行业随之迅速发展，同时也促进了附近地区的经济发展。纵览世界各地，沿海国利于建港的一些海湾常常在港口带动下，使海湾附近地区成为综合的经济区域，形成经济发达的中心城市或城市群。

在日本，东京湾面积不大，但是建港、航运条件优越，周围分布有世界特大城市之一的东京和人口百万以上的港口城市横滨、千叶，还有海洋军事要地横须贺等，各城之间几乎已经相连；条件类似的大阪湾沿岸也集中了著名的大阪、神户两大城市。东京湾、大阪湾地区是日本著名的两大经济中心。

在美国，东岸的纽约湾周围有世界特大城市之一的纽约，以及它周围的 60 多座卫星城，形成美国最大的工业、外贸、交通和金融中心；西岸的洛杉矶凭借圣佩德罗湾的港口之利，成为美国的第二大城市，是美国西海岸最大的工业中心和影视中心。

在澳大利亚，优良的杰克逊港湾培育了本国最大的海港和城市、最大的工业中心和交通枢纽——悉尼。

发展中国家也有类似的情况。例如，亚洲的马尼拉湾周围地区是菲律宾的经济、政治、文化和工业中心；非洲的突尼斯湾区域是突尼斯的政治、经济、文化和交通中心；南美洲瓜亚基尔湾的瓜亚基尔是厄瓜多尔的最大港市和经济中心，全国工业的一半以上集中在这里。

在能通航的较大河流的河口湾，这种现象更加突出。河口港是海运和河运的交汇点，内连河流腹地，外通海洋各港，常可形成国家的甚至是世界性的大港。比较典型的有：南美洲拉普拉塔河口的布宜诺斯艾利斯既是阿根廷的首都，又是全国最大的港市，工业产值占全国的1/3；亚洲的泰国首都曼谷位于曼谷湾首、湄南河口附近，是泰国最大的海港，是政治、经济、文化、交通的中心；欧洲国际河流莱茵河河口的鹿特丹，曾长期保持世界第一大港地位，工业发达，也是荷兰的商业和金融中心。在我国也是一样，世界特大港口和城市之一的上海，之所以长期是工商业和金融中心，主要得益于它优越的地理位置——地处全国最富庶的长江中下游平原的前沿、全国第一内河运输大动脉长江和全国海岸线的交点；华南名城广州，位于珠江口河口湾的顶端，毗邻港、澳，外临东南亚，内连我国第二内河运输大动脉西江，自古就是我国南方最重要的对外通商口岸。广州、上海和它们的周围地区，已成为我国经济发展的火车头，这与河口湾中建成大型的河口港有很大关系。

## 六、海湾的法律地位

海湾的法律制度，在通常情况下与其他种类的海域（洋、海、海峡等）是一致的。这就是说，湾域的领属关系通常按照《联合国海洋法公约》(1982年通过）来划分。

1958年日内瓦海洋法会议规定，当湾岸属于一个沿岸国时，入口宽度不超过24海里时，整个湾域属于该国的内水；相反，若湾口的最大宽度大于24海里时，则湾内从沿岸到中部按《国际海洋法》分别划分为内水、领海、毗连区、专属经济区、公海。当然也有例外，某些海湾由于历史原因，不论湾口多宽，国际上也公认为内水，如挪威的瓦朗厄尔峡湾入口宽28海里，加拿大的哈得孙湾入口宽75海里，国际上都公认为内水。

当湾岸属于两个以上沿岸国时，就存在湾内海域划界的问题。其中缅因湾的划界，是一个典型的国家间海洋边界划定的案例，很具有代表性。

缅因湾位于北大西洋西岸、美国和加拿大海岸的交界处。湾呈东北—西南方向延伸。东北部与芬迪湾相连；东南为面向大西洋的湾口，有乔治浅滩和布朗斯滩与大西洋隔开；东岸为加拿大的新斯科舍半岛；西北岸为美国缅因州海岸，沿岸有波士顿、波特兰等城市，有发源于阿巴拉契亚山脉的众多小河流注入湾内。淡水带来丰富的营养物质，使湾区内繁衍生长有高品位的浮游动植物和大叶藻，适合于众多鱼类和贝虾类的生存，其种类多达数百种，其中商业性种类有鳕、鲽、鲭、鲑、金枪鱼、鲨鱼、龙虾和扇贝等。

1977年美加两国建立200海里专属渔区，使缅因湾成为两国重要的渔业基地，两国的渔业利益争端由此产生。乔治滩东部是一个对两国渔业都具有重大生计意义的渔场，两国渔民进行竞争性的捕捞。过度开发的严重后果迫使两国政府进行双边渔业谈判，但若干次谈判均遭流产，于是两国政府同意把缅因湾的纠纷提交设立在海牙的国际法院进行裁决。

1984年10月，国际法院用一条单边海洋界线划分了加拿大和美国在缅因湾的海洋管辖区，被当地渔民喻为“海牙线”，长约480千米。但是，“海牙线”的确立并不是美加缅因湾争端的终结，因为该线将乔治滩生长的最丰富的扇贝资源区划给了加拿大，边界两侧的扇贝资源基地面积和种类质量上具有显著差别，美国一侧由于捕捞能力过剩而大大亏损，而加拿大一侧长期维持着高生产力。美国渔船对加拿大一侧海域多次进行非法捕捞。使加拿大方蒙受了巨大的经济损失。为此，加拿大政府一方面向美方提出了交涉和抗议，另一方面采取了监视、监督和强制性手段，对非法侵犯的渔船进行罚款和扣押。最后，美方同意由双方有关部门共同合作消除违犯事件，并建立了一支威慑力量进行管理，以保护缅因湾的水产资源，促进区域性渔业开发合作。

## 七、海湾的军事价值

海湾具有极为重要的军事价值，主要体现在四个方面。

第一，许多海湾蕴藏和生产一些重要的战略物资。比较典型的是：多数海湾都有一个海底盆地，其中不少是储油盆地。因为石油和天然气是当今国家建设中不可缺少的能源，又是重要的战略物资，这就使这些海湾不但有重要的经济意义，也有重要的军事价值。

第二，某些海湾区域是国家经济比较发达的地区。这些地区发达的经济，是战时直接支持军队的坚强后盾，又是军队要保卫的重要对象之一。古今中外，经济发达地区都是交战双方争夺的重要地区。

第三，在战时，海湾三面环陆的地形有利于军舰隐蔽机动、伺机出击。

第四，海湾有利于建成军港。目前世界上的海军基地多数都建在海湾中，著名的有：古巴岛东南岸被美军占领并建为海军基地的关塔那摩湾；第二次世界大战后美军在太平洋西部建成的海军基地横须贺（在东京湾口西侧）、佐世保（在佐世保湾内），冲绳的中城湾，菲律宾的苏比克湾；苏联在越南的海军基地金兰湾等。

**海湾著名海军基地**

| | |
|---|---|
| 美国切萨皮克湾 | 诺福克 |
| 美国圣迭戈湾 | 圣迭戈 |
| 美国瓦胡岛南海湾 | 珍珠港 |
| 古巴关塔那摩湾 | 美国海军基地 |
| 日本东京湾 | 横须贺 |
| 日本佐世保湾 | 佐世保 |
| 日本冲绳 | 中城湾 |
| 菲律宾苏比克湾 | 原美国海军基地 |
| 越南金兰湾 | 原苏联海军基地 |
| 俄罗斯金角湾 | 符拉迪沃斯托克（海参崴） |
| 意大利塔兰托湾 | 塔兰托 |

# 八、海湾的利用和保护

海湾是海洋资源的复合区，是多功能特性十分明显的海域。海湾的开发利用便利、成本低、效益高，但是还存在一些问题。第一，对海湾还缺乏调查研究。人们对许多海湾知之甚少，海湾资源还未得到充分利用，只在少数几个方面有所利用，海湾的资源、功能优势还未发挥出来。第二，一些海湾的开发利用缺乏统筹规划。各类海湾的资源和主要功能是不相同的，如有的海湾富藏石油、天然气，矿产资源开采占主导地位；有的海湾中有大型港口，以航运功能为主；有的海湾适合于水产养殖，可建成海水养殖基地和海洋牧场等。在海湾开发中只知其多功能特性而不突出重点，各部门、各行业自行开发，往往会造成矛盾，如航运和养殖的矛盾、石油开采和军事训练的矛盾等，甚至会出现效益相互抵消的现象。第三，忽视对海湾环境的保护。人们在开发海湾资源、利用海湾空间的同时，常把大量的污水、废物、石油、化学物质等污染物排入海湾中。由于海湾相对比较封闭，海水交换率较低，更新周期长，污染物排入量超过海湾海水自身的净化能力，就会破坏海湾环境的生态平衡，造成环境污染和生态破坏。这样不仅使海湾开发利用的效益得不到保证，而且要为日后的环境治理付出沉重的代价。因此，应该由各学科专家对海湾进行综合的调查和研究，查清海湾的资源底数、功能状况，并根据海湾的特点进行统筹规划，合理开发利用；同时，应制定出环境保护的措施，防止污染，力求使海湾开发资源效益与生态环境效益协调一致，充分发挥海湾及其沿岸的功能潜力。

海湾水产养殖基地

# 下篇

# 世界海湾一览

# 一、太平洋属湾

太平洋西岸海岸线曲折，岛屿众多，海湾数以千计。而东海岸的美洲海岸线相对比较平直，只有阿拉斯加湾、加利福尼亚湾和巴拿马湾等几个较重要的海湾。太平洋属湾主要集中在西太平洋。

## 1. 大连湾 Dalian Wan
## ——中国东北的门户

在中国辽东半岛南岸，有一座著名的工业城市——大连，这里有中国东北最大的海港，有中国最大的深水油码头，有闻名遐迩的风景地，更有一处清澈的海湾——大连湾。大连湾湾口朝向东南，宽约 11.1 千米，向西北延伸 17 千米至湾顶，水域面积 174 平方千米。湾口处最深 36 米。湾口南方横卧三山岛，把进口分为三个水道：自西南向东北为大三山水道、三山水道和小三山水道（见图 2）。

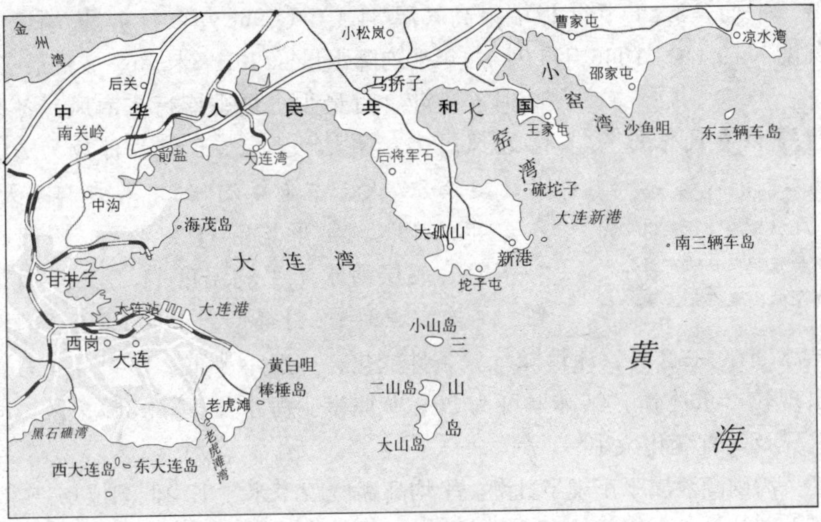


图 2　大连湾

大连湾是一个构造盆地，褶皱与断裂构造发育明显。三面为低山丘陵环抱，海岸线长 125 千米，是典型的基岩港湾型海岸，岬角突出，岸线曲折成阶梯状结构。海岸形成很多小海湾，自东南至西北依次有大孤山湾、红土堆子湾、甜水湾和臭水套等。海港、堤岸、填筑工程的发展，使湾内人工海岸不断增加。海底地貌较平坦，岸侧浅于 10 米的地带宽约 2 000～5 000 米，系周围丘陵地向湾中的平缓延伸；10 米等深线由湾口两侧凹向湾顶；10～20 米深度的区域为浅海堆积平原，地形平坦单调；湾口一线向外为深水陡坎。海底沉积物主要是黏土质粉砂，松散沉积厚度最大 30.24 米，最小 2.62 米，平均 15.38 米。底质稳定、沉积率低，是开发海岸工程和建港的优越条件。

**海湾名片**

| | |
|---|---|
| 湾名 | 大连湾 |
| 位置 | 中国辽东半岛南部 |
| 面积 | 174 平方千米 |
| 水深 | 最深处36米 |
| 水温 | 年平均11.2℃ |
| 潮汐 | 正规半日潮 |
| 潮差 | 最大4.42米 |
| 环境 | 水污染得到控制，台风、风暴潮 |
| 资源 | 渔业基地 |
| 港口 | 大连港 |

大连湾气候温和宜人，四季分明：冬无严寒、夏无酷暑、春天温和、秋天凉爽。年平均气温 10.5℃；8 月最高，平均 24.1℃；1 月最低，平均 −5.4℃；年极端最高气温 34.4℃（1968 年 8 月），极端最低气温 −19.1℃（1966 年 1 月）。年平均降水量 639.6 毫米，6—8 月最多，11 月至翌年 2 月最少。夏季盛行东南风，冬季多北风；多年平均大风（>8 级）日数为 70.4 天，夏季 5.7 天，占全年的 8%，冬季 34.1 天，占全年的 48%。年平均雾日 39.4 天，一般在 3—8 月。表层海水年平均温度 11.2℃，8 月最高，平均 22.2℃；2 月最低，平均 1.3℃。海湾结冰期在 1—2 月，冰情随气象条件变化，一般不严重。1969 年 1 月曾出现较严重冰情，结冰厚度为 20~30 厘米。海水盐度 30.3‰，区域间差异及垂直变化微小。

**城市风信标**

“大连的草种比粮贵”，大连城市绿化覆盖率41%。不是花园建在城市里，而是城市建在花园里。

湾内潮汐属于正规半日潮。平均高潮位 2.70 米，平均低潮位 0.57 米；最大潮差 4.42 米。大连沿海曾多次被风暴潮袭击。1972 年 7 月 26、27 日，台风肆虐附近海域，大连港实测水位创历史最高纪录，最大增水1.23米；风暴潮致使许多水上建筑物遭到破坏，损坏各种渔船1 172条，损失养殖海带2 735吨。1972年8月30日，台风影响本海区，大连港最大增水1.05米；风浪打碎渔船197条，大连附近地区受损农作物7.8万亩，刮倒树木1万多棵。

海湾周围工业大规模发展以前，这里水质清洁，生态环境优良，天然生物资源丰富，曾是良好渔场，盛产带鱼、黄花鱼、梭鱼、牡蛎、扇贝、海带、裙带菜等。20世纪70年代，在工业迅速发展的同时，含油、硫化物、氧化物、铅等污染物的废水大量向湾内排放，西部海域尤甚，严重破坏了生态环境和生态资源。1980年以后，沿海加强了污染源控制、环境监测和治理，水域生态环境逐年好转。《大连市海洋环境质量公报》自2004年发布，各级政府和广大公众了解大连海洋环境质量状况、保护海洋环境的意识不断增强。

**城市风信标**

大连八景

绿山揽胜　（劳动公园）
海韵观日　（海之韵广场）
城雕赏月　（星海广场）
星海听涛　（星海公园东山岬角）
金石天工　（金石滩东部景区）
塔观双海　（旅顺口老铁山灯塔）
黑山夕照　（金州大黑山）
冰峪丹枫　（庄河冰峪沟）

大连市区位于湾西侧南岸，大连是全国对外开放城市之一，北方工业重镇，国家计划单列市，拥有百余家大中型企业，经济实力雄厚。工业门类较齐全，主要有：机械、造船、冶金、石油化工、建筑材料、纺织、轻工、电子和食品加工业等。大连是中国北方重要海陆交通枢纽，铁路连贯东北、华北铁路网；公路网四通八达，高速公路通往省会沈阳；航空港开辟的国际国内航线逾30条。

大连市从20世纪90年代开始，就着眼城市的可持续发展，将大连染料厂、油脂化学厂等150多家污染企业退出城区“舞台”，取而代之的是美丽漂亮的住宅小区和商务酒店大楼，从根本上改善了城市中心区的环境质量。大连先后被联合国授予人居奖、全球环境500佳称号，成为国家卫生城市、国家园林城市、国家环保城市、国家旅游城市。

大连港区包括大连湾、大窑湾、小窑湾，水域面积346平方千米。有进港航道7条，全长18.5千米，水深8.6～10米。码头全长13.7千米，有 71 个生产泊位，其中深水泊位 34 个，有客运航线通天津、上海、青岛、烟台等 8 个港口。新港区在大连湾东部，大窑湾出口西侧的鲇（nián）鱼湾，航道深 17.5 米，为原油出口港区，可靠泊 10 万吨级油轮。

### 2. 辽东湾 Liaodong Wan

### ——中国最北的海湾

辽东湾是我国纬度最高的海湾，位于渤海北部。东南为辽东半岛西北岸，东北是辽河平原西南岸，西北为辽西走廊东南岸。湾口自长兴岛与秦皇岛连线，与渤海中央水域相连（见图 3）。

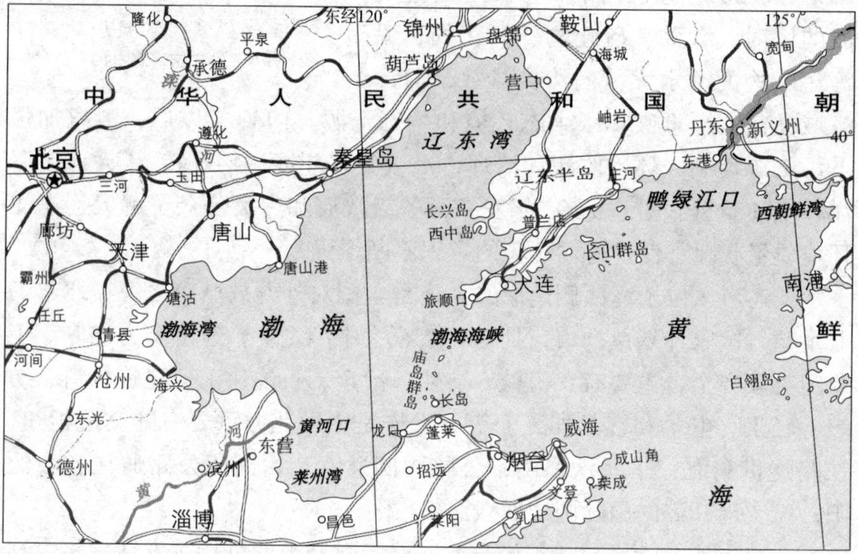


图 3　辽东湾、渤海湾、莱州湾

湾中主要岛屿有长兴岛（面积约 250 平方千米，是中国长江口以北的最大岛屿）、菊花岛和湾顶诸河口众多的冲积岛。

海湾为地堑（qiàn）型凹陷。湾岸自辽河口至小凌河口为淤泥质平原海岸，辽东半岛及河西走廊沿岸为基岩—沙砾质海岸。注入的河流东有复州河、大清河等，北有浑河、辽河、大凌河、小凌河等，西有六股河等；北侧的四条河流较大，两侧河流短小而流急。湾底地形自湾顶及东西两侧向中央倾斜，东侧深于西侧，最大水深 32 米。全湾被第三纪以来的厚沉积物覆盖。湾顶与辽河平原相连，水下地形平缓，两侧地形较陡。湾中央地势平坦，沉积有黑色微臭淤泥。湾中部自大凌河口、辽河口折向复州湾外，有 180 千米的古辽河河谷，谷底相对低 5～7 米，至水深 25 米处逐渐消失。

辽东湾气候属暖温带季风气候，冬季盛行偏北风，夏季多偏南风。平均气温：1 月约 −8 ℃，8 月约 24 ℃。年平均降水量 500～700 毫米。水温是中国边缘海中最低的，冰情较严重。受西北风影响，东岸冰情比西岸更严重。春季融冰，成为低温中心。湾水盐度多低于 30‰。

**海湾名片**

| | |
|---|---|
| 湾名 | 辽东湾 |
| 位置 | 中国渤海辽东半岛以西 |
| 潮汐 | 半日潮型 |
| 潮差 | 湾顶可达5米 |
| 资源 | 中国四大产盐区之一，湾底储油盆地储量可观，对虾、毛虾闻名中外 |
| 港口 | 秦皇岛港（中国最大能源输出港）、营口港、锦州港、葫芦岛港 |
| 旅游景点 | 山海关、老龙头、北戴河、黄金海岸 |

辽东湾资源丰富。宽广的滩涂上除捕捞水产品和种苇外，海水养殖和围垦都有较大规模。海湾沿岸的盐田是中国四大产盐区之一。湾底储油盆地是辽河油田向海域的延伸，蕴藏量可观。鱼类有鲱、鲐、鲽和牙鲆等，对虾、毛虾闻名中外。

沿岸主要港口有秦皇岛、营口、锦州、葫芦岛。秦皇岛港位于湾口西侧，是中国最大的能源输出港。营口港位于原辽河口、现浑河口，曾是东北地区最大港口，后因港道淤塞被大连港超过。1984 年兴建鲅鱼圈港区，新建卸船煤码头和散货码头，为辽宁第二大港。锦州港 1990 年正式通航，同年 12 月被国家批准为一类开放商港。锦州港现已拥有营运泊位 15 个，可同时停靠 8 条万吨级以上船舶，最大乘潮可停靠 12 万吨级油轮和 7 万吨级散杂货轮，港口年吞吐量超过 9 192 万吨（2015 年）。葫芦岛港位于辽东湾西北部，地处华北—东北通道咽喉，是一个发展近百年的老港，年综合吞吐能力达百万吨以上，现为军商合用港。

历史上辽东湾两岸曾为战略要地。东侧的辽东半岛历为兵家必争之地。西侧的辽西走廊，是沟通华北与东北的交通要道，也是兵家必争之地。明代抗金、清军入关都曾在辽西走廊大战。1948 年辽沈战役，中国人民解放军先歼灭辽西走廊的国民党军，封闭了东北敌军撤向关内的通道，才取得了战役的胜利。2005 年中俄两国军队进行了代号为“友谊—2005”的联合军事演习，地点就是在中国的辽东半岛海域。如今，辽东湾背依东北工业重地，面向首都北京和首都门户天津，仍不失为战略重地。

## 3. 渤海湾 Bohai Wan
## ——中国首都的门户

渤海湾位于渤海西部，滨天津市、河北省、山东省海岸（见图 3）。海湾开口向东，以河北大清河口至山东黄河口一线为界，口宽约 111 千米，东西纵深 165 千米，最大水深 31 米。环渤海“经济圈”引起经济学家的关注，渤海湾、辽东湾和莱州湾一起被喻为环渤海“金项链”上的明珠。

**海湾名片**

| | |
|---|---|
| 湾名 | 渤海湾 |
| 位置 | 渤海西部 |
| 湾口宽 | 约111千米 |
| 水深 | 最深处31米 |
| 资源 | 油气资源丰富，北方著名产盐地，渔业基地 |
| 环境 | 上亿吨污水排入湾中，已实行《渤海碧海行动计划》 |
| 港口 | 天津港，中国最大的人工港，2013年货物吞吐量超5亿吨 |

渤海湾周围地势低平，大多为盐碱或泥沼滩地。海岸多为沙、泥沙质，湾北侧由于海底泥沙运动，形成大片沙泥滩和堆积的沙岛，大清河口西方的曹妃甸滩最宽 22 千米。西侧的湾顶附近岸线平直，海滩宽 1.5 ~ 2.5 千米，多为泥质。湾的东西方向海底坡度平缓，水下地形轮廓比较规则。湾南侧岸线破碎，多冲积沙岛，系黄河口不断迁移造成的沟岔。海底表层大部分是粉沙、泥沙。注入海湾的河流有大清河、蓟运河、海河、岐河、漳卫新河、套尔河等，各河河口水浅；除海河以外，河口处通航能力不强，一

般有渔船、小型运盐船舶使用的岸壁式码头和避风锚地。

春季、夏季多偏南风，风力较小；秋季、冬季多偏北风，最大达7、8级。表层水温夏季26～28℃，冬季0℃左右。12月至翌年2月为冰期，海河口附近冰情较重。大部为不规则半日潮，潮差约2米。

渤海湾是北方富庶之地，昔日的大面积荒滩沼泽被开发为工业、渔业基地。沿海平原区和浅海区有油气资源，近年来，勘探和开采工作由陆地向海上推进，湾南部建有生产井及海底管道等油气设施。渤海湾周围历来为北方著名产盐地，大中型盐场有大清河、南堡、汉沽、塘沽、大港等，海盐盐化工生产发达。海岸附近遍布对虾养殖场，仅天津沿海就占地9万亩。塘沽东南方20千米处1989年建成人工浴场，每年吸引数十万人前往度假游览。

当然，渤海湾也面临着海洋的公害——污染，每年有上亿吨污水、废水排泄入海，给沿海生物带来灭顶之灾，使沿海养殖、捕捞业遭受极大损失。

渤海湾畔的最大港口——天津港位于湾西侧海河口内，是中国最大的人工港。天津港历史悠久，始建于东汉。到了唐代，在军粮城附近海河地段形成转运漕粮的重要港口。1860年辟为商埠。1939年向河口方向建设新港，至1945年建成5 000吨级泊位，后因航道淤积而发展停滞。新中国成立后重新修建，1952年开港，经数十年不断扩建和完善，天津港已建成为现代化的海港，具

晨雾中的天津港

**城市风信标**

天津新十景(2003年)

| | |
|---|---|
| 商贸金街昌万象 | (金街—和平路) |
| 五河流碧飞虹 | (“五河”) |
| 谦德广厦沐春风 | (谦德庄危改新区) |
| 泰丰浮海日 | (泰丰公园) |
| 盛世钟鼓楼 | (鼓楼商贸街) |
| 欧韵风情环五道 | (五大道风景区) |
| 平津战史铭功 | (平津战役纪念馆) |
| 御河杨柳画图中 | (杨柳青景区) |
| 中上元古界 | (中上元古界保护区) |
| 天鹅欲腾空 | (天津博物馆) |

备装卸运输、仓储、多式联运、船舶代理、集装箱、散化肥灌包等多种功能。码头总长 24.584 千米。2006 年，共有生产泊位 119 个，其中万吨级泊位 65 个；总泊位数 152 个。天津新港航道，全长约 27.4 千米，水深 9~10 米，3 万~5 万吨级船舶可乘潮进出港，万吨级船舶可双向航行，年货物吞吐量 5.4 亿（2015 年）。位居全国第 3 位（仅次于宁波、上海），列世界第 4 位（略低于新加坡港）。湾口北侧新建的唐山港也是湾内大港，年货物吞吐量 4.9 亿吨（2015 年），位于全国第 6 位。湾顶的黄骅港是以煤炭输出为主的新建港口，年货物吞吐量已达 1.6 亿吨（2015 年）。

渤海湾为军事要地，历史上发生过重要海战。1900 年，英、俄、法、美、德、日、意和奥等国组成的八国联军，从海上入侵中国；6 月 15—17 日，在大沽、塘沽、北塘一带，中国陆海守军与敌展开激烈战斗，终因兵力不足等原因而失守，八国联军获得了进一步扩大侵占中国领土的出海口；其后，他们进攻天津和北京，强迫清政府签署了丧权辱国的《辛丑条约》。

### 4. 莱州湾 Laizhou Wan
### ——最年轻的海湾

莱州湾是渤海南部的海湾，北面以黄河口至龙口屺（qǐ）姆角一线为界，口宽约 95 千米，向西南延伸 70 千米（见图 3）。海湾东侧有两个次级湾：太平湾和龙口湾。海岸线长 319 千米，均属山东省。

**海湾名片**

| | |
|---|---|
| 湾名 | 莱州湾 |
| 位置 | 渤海南侧 |
| 水深 | 最深处22米 |
| 水温 | 夏季26~28℃,冬季0℃ |
| 潮汐 | 不正规半日潮 |
| 潮差 | 平均1.6米 |
| 资源 | 黄金、石油和海盐 |
| 港口 | 龙口港 |

莱州湾的形成只有一百多年的历史，在 1855 年黄河下游北徙以前，这里与渤海湾同为渤海西侧圆滑海岸的一个大湾。由于黄河三角洲不断向海推进，使大湾一分为二。莱州湾因过去的莱州府而得名。

海湾两侧地貌差异明显。东部为上升区，沿海多低矮丘陵，发育沙嘴、沙坝、鲉湖；

西侧为沉陷区，为黄河复式三角洲，有数条废弃河道，沿海大部分是海洋动力改造的黄泛平原，海岸冲淤变化剧烈。现行黄河口每年向海推进，据观测，河口沙嘴每年最大延伸 1.85 千米。河口水下三角洲平均宽 5~10 千米，年平均淤厚 1.84 米。湾顶区为粉沙质海岸；东岸为低缓沙质海岸；屺（qǐ）姆角陆连岛称屺姆岛，岛西侧、北侧为基岩侵蚀海岸。岛与陆地间是著名的大型连岛坝，由数条沙脊组成，长 8 000 米，宽 1 000~2 000 米。莱州湾水深浅于 5 米的水下岸坡明显，一般宽 5 000~8 000 米；深于 5 米的海底为较平缓的海底平原。北部水深 16 米，屺姆角西方最深，达 22 米；为泥、沙泥底。入海河流，除黄河以外，还有小清河、弥河、潍河、胶莱河等。

莱州湾 1 月平均气温 −2.8~3.8℃，历年最低 −22.9~−17.0℃；7 月平均气温 25.9~26.4℃，历年最高 38.9~41.3℃。年降水量 612~660 毫米，降水最多月份为 7 月。大于 8 级大风日年平均 21~44 天，强风向多为北风。表层水温：夏季 26~28℃，冬季 0℃左右。12 月至翌年 2 月为冰期，固定冰的宽度一般 1 000~3 000 米，河口浅滩附近可达 10 千米以上。由于河流注入多，莱州湾海水盐度较低，大部分海区低于 29‰，黄河口附近夏季低于 20‰。莱州湾属不正规半日潮，潮差较小，湾顶附近平均潮差 1.6 米。

莱州湾周围的黄金、石油和盐业资源是这一地区的三大支柱产业。黄金主要产在东部的莱州、招远、龙口，储量和产量均位居全国第一。沿海地下浓缩海水（卤水）资源丰富，自湾东南沿海的虎头崖向西，至垦利附近长 170 千米的海岸带内，勘测含盐量 8.13 亿吨，年产原盐 117.2 万吨。油气资源主要分布在黄河三角洲，储量 28.9 亿吨，已探明湾西侧浅海区有石油资源。

龙口港位于莱州湾东北角，是山东最大的地方港口，距天津港 287 千米、大连港 235.2 千米。1914 年开埠，现有码头岸线 5 000 余米，生产泊位 21 个，主航道 8 万吨级船舶可正常进出港，年货物吞吐量 7 000 万吨（2013 年）。目前，港口正在不断扩建。

## 5. 胶州湾 Jiaozhou Wan

### ——雄居亿吨大港的天然优良港湾

胶州湾临黄海，古称小海、少海，也称麻湾、胶澳。沿海湾为山东省青岛市、胶州市、胶南市（见图4）。湾口向东南，在海西半岛北端角子石嘴与青岛港南岸的团山嘴之间。湾东西宽约28千米，南北长33千米，海岸线长180多千米。

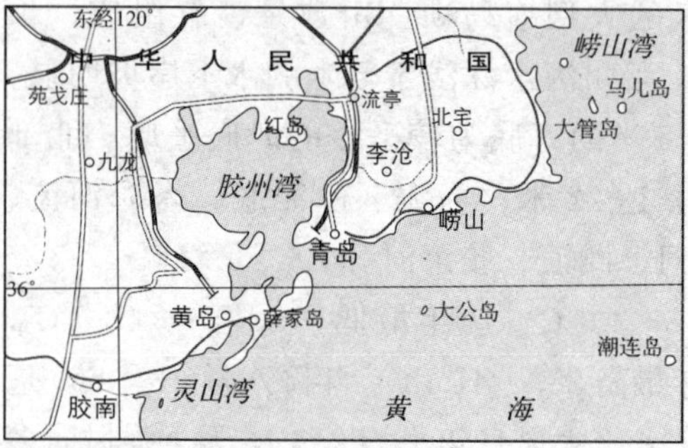


图4 胶州湾

海湾受中生代白垩纪王氏组北东向和近东西向断裂控制形成断陷盆地；泥沙底质。东、西、南多为基岩岸；北及西北多为泥沙质岸，岸滩宽阔；北部红岛、南部黄岛附近海岸多岬角。海底自西北向东南倾斜。东侧水较深，从北面沧口水道直到湾口的深槽，水深5～30米；西部水深2～10米；中南部和湾口处水深10～30米，最大深度64米。西侧海底为粉沙淤泥质潮滩，中东部为大片浅海平原，东南部和湾口有水下侵蚀槽和侵蚀洼地。由于湾内波浪小、泥沙来源少等因素，海岸和海底地形比较稳定，港区也很少淤积。注入的河流有：洋河、南胶莱河、大沽河、桃源河、石桥河、墨水河、白沙河、李村河等。湾内的次级湾澳有：沧口湾、红岛湾、黄岛前湾、海西湾等。

湾内岛礁很少，原有的近岸岛屿如红岛、团岛、黄岛已与大陆相连，逐步失去了岛屿的意义。湾北部红岛东南方还有冒岛、磨石礁等。

**海湾名片**

| | |
|---|---|
| 湾名 | 胶州湾 |
| 位置 | 山东半岛南岸 |
| 湾口宽 | 3.1千米 |
| 面积 | 397平方千米 |
| 水深 | 2～30米 |
| 最深 | 64米 |
| 水温 | 冬季2.5℃,夏季25.6℃ |
| 潮汐 | 正规半日潮 |
| 资源 | 养殖业和盐业 |
| 港口 | 青岛港，中国著名大港之一，货物吞吐量2亿多吨 |

红岛，过去称阴岛，曾是胶州湾内第一大岛。清代末年，由于泥沙淤积，落潮时与大陆连通，后修建了道路，使其成为半岛。现又修建了跨海大桥连接环海公路，逐渐变成青岛市区的延伸部分。

黄岛，亦称齐伯岛，在胶州湾南侧。两条大堤与大陆相连，使其也成为半岛。青岛列为全国沿海开放城市后，这里扩建了油港和前湾港，并开辟了经济开发区，现为黄岛新经济区，有胶黄铁路、青黄高速公路与其他干线道路相连。

**城市风信标**

青岛新十景

浮翠流丹（浮山湾五四广场）
秀掩重关（八大关风景区）
琴屿飘灯（小青岛）
飞阁回澜（栈桥）
汇泉踏浪（鲁迅公园）
东海艺影（海滨雕塑园）
太平天音（太平山巅）
鱼山海月（小鱼山览湖阁）
金岭缀珠（世纪广场）
红楼暮霞（信号山）

团岛，亦称坦岛，在胶州湾口北侧。青岛建市后将团岛周围的礁石区填筑为平地，与大陆相连为分隔黄海与胶州湾的半岛前端，是良好的游览观光地。

胶州湾属温带季风性气候，空气湿润，雨量充沛，温度适中，四季分明。潮汐属正规半日潮类型，潮流系往复流。流速 1～2 节，湾口急流达 3～4 节。潮差 1.02～3.8 米。水温冬季一般 2.5℃，夏季 25.6℃。透明度 0.5～6.0 米。湾北及西北部盐度 30‰～31‰，其他区域 30‰以上，河口附近盐度较低，雨季可降到 25‰。湾内浅水和滩涂面积大，饵料丰富，适合水产养殖业和盐业发展，产鱼、虾、贝、海参、鲍鱼等，滩涂辟有养殖场及盐场。

胶州湾附近地区经济建设发展迅速，陆地交通发达，有航空港（流亭机场）、铁路，济青、烟青高速公路，以及四通八达的公路网与内地联系畅通。

青岛湾栈桥东南的小青岛湾

青岛市区位于胶州湾东侧的半岛上。青岛是我国东部沿海重要的经济中心城市、是国家批准的全国沿海开放城市和著名的旅游城市。市区人口 490.22 万（2015 年）。市区背山面海，山、海、城景融为一体，交相映衬。气候十分温和宜人，海滨浴场沙净水清。市区分布着崂山、栈桥、小青岛、小鱼山、中山公园、鲁迅公园、水族馆、海产博物馆、八大关及新开辟的海滨景点，到处是新颖别致的风景区，展现出自然美、建筑美与艺术美的有机结合，成为世界著名的游览、避暑胜地，1997 年接待海外旅游者 19.8 万人次。改革开放以来，青岛良好的投资环境吸引了国外众多大企业、大财团前往投资，建有经济技术开发区、高科技工业园区。海洋科技发展在国内居领先地位，设有中国海洋大学（我国唯一的综合性海洋教育机构）和多个独立海洋科研机构。

湾东侧是我国著名大港——青岛港。港区水深域阔，由青岛大港港区、黄岛油港区、前湾港区和董家口港区组成。拥有码头 15 座、泊位 73 个，码头岸线总长约 13 千米。其中，营运码头 13 座，营运泊位 49 个（万吨级泊位 32 个）。2015 年完成吞吐量 4.97 亿吨、集装箱 1743 万标箱，均居世界第七位。与世界上 180 多个国家和地区的 700 多个港口有贸易往来。

## 6. 海州湾　Haizhou Wan
## ——亚欧大陆桥的东方桥头堡

中国江苏省海岸低而平直，缺少海湾。但在它的北端有一个重要的海湾——海州湾。

海州湾是一个开敞海湾，位于南黄海西岸，江苏省连云港市旗台嘴和山东省日照市岚山头之间，因清代以前海湾沿岸为海州辖地而得名。海州湾是一个年轻的海湾，1130 年前后，黄河南徙，河口三角洲向海推进，于 1710 年左右形成现今弧形岸线。湾口向东，宽约 41.7 千米，东西纵深 20 千米。海底由岸向外平缓倾斜，湾内水深大部分在 10 米以内，等深线形状与海岸弯曲相仿。低潮线以下海底多为水下岸坡，外缘线在 10 米等深线附近，湾口处水深 10 ~ 14 米。

连云港岸段为基岩海岸。湾口两端为低山丘陵。沿岸为海湾低平原，盐田密布。入海河流有绣针河、龙王河、兴庄河、青口河、临洪河等小河。底质以沙、粉沙、泥为主，颗粒近岸细、远岸粗。等深线15米以内，海水呈蓝色。多年平均气温14.3℃。1月最低，月平均1.2℃；8月最热，月平均26.8℃。海域表层平均水温2月4.4℃，8月26.7℃。平均盐度2月31.9‰，8月30.6‰。潮汐属正规半日潮，潮差较大，平均潮差3~3.4米，最大达4.8~5.5米。湾口外潮流为回转流，流速1.5~2节。东向风时，湾内风浪较大。湾中秦山岛附近可作中小型舰船临时锚地。湾内近岸有秦山岛、东西连岛、竹岛、鸽岛等，湾口外有车牛山、达山、平山等岛屿为前哨。均为基岩型岛屿，岛上鸟类繁多。

**海湾名片**

| | |
|---|---|
| 湾名 | 海州湾 |
| 位置 | 南黄海西岸 |
| 湾口宽 | 41.7千米 |
| 水深 | 大部分在10米以内 |
| 水温 | 2月4.4℃,8月26.7℃ |
| 潮汐 | 正规半日潮 |
| 潮差 | 平均3~3.4米 |
| 资源 | 中国八大渔场之一、中国四大海盐产区之一 |
| 港口 | 连云港 |

海州湾资源丰富。海州湾渔场是中国八大渔场之一，是鲳鱼的主要产卵场，大宗渔产有鲳鱼、鳓（lè）鱼、大黄鱼、小黄鱼、鲅鱼、黄鲫、马鲛鱼等。淮北盐场是中国四大海盐产区之一。

湾的北端有岚山港，主要出口沙、水泥、煤炭等；南端有连云港。连云港北有东西连岛横列，东有鹰游门，为港口进出航门，吃水7米以上船舶需候潮进出。港区有老港、庙岭港、圩沟港等。全港码头岸线长约7.7千米，共有生产性泊位63个，其中万吨级以上泊位60个。2015年，完成货物吞吐量2.1亿吨，集装箱吞吐量500万标箱。与世界上150多个国家和地区的近千个港口有贸易运输往来。

连云港不愧为亚欧大陆桥的东方桥头堡，因为它有广阔的腹地：陇海铁路经战略要地徐州和郑州、西安，直达兰州，又有兰新铁路通乌鲁木齐，成为黄淮、中原、西北的重要出海口。乌鲁木齐至中亚的铁路已经通车，火车可达大西洋东岸的鹿特丹和安特卫普等港。港口南北是我国经济比较发达的山东省和江苏省，东方则面向亚洲经济发达的日本和韩国，货源充足。

海州湾西距战略要地徐州仅200余千米，又当青岛、上海两大海防要地之间，战略地位也很重要。早在隋代大业八年（612 年），隋炀帝出兵高丽，南路水军就由此起航东渡。南宋浙西路马前军总管李宝曾率水师驻此，于绍兴三十一年（1161 年）击退围攻海州之金兵。1938 年，日本军舰 21 艘、部队 2 000 余人在海州湾登陆，攻占连云港。

## 7. 长江口 Changjiang Kou
## ——世界第三长河的河口湾

长江是我国第一大河，世界第三长河。长江下游在枯水期潮水可达安徽大通，因此大通以下称长江河口区。但洪水期潮水只能到达江苏江阴，故通常将江阴至拦门沙滩顶称为河口，再向外是水下三角洲。而河口湾则是江苏南通江心洲以下（见图 5）。

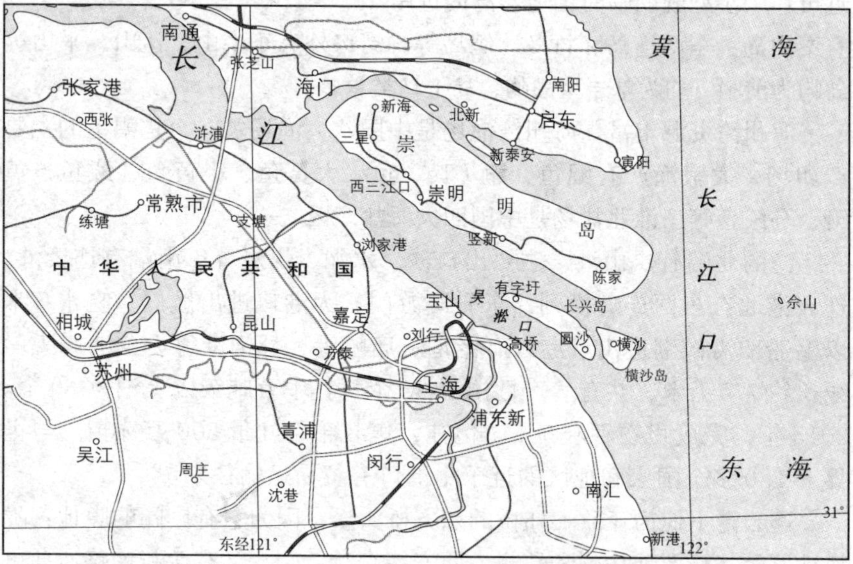


图 5 长江口

长江口位于江苏和上海交界处、我国海岸线的中段，为我国近海航线的中点，向西是我国第一内河航运大动脉——长江干流。长江口是我国海运、河运的枢纽，并因此培育了我国大陆沿岸最大的港口——上海港。

长江口在南通江心洲附近以下河口突然变宽，河水流速减缓，泥沙

### 海湾名片

| | |
|---|---|
| 湾名 | 长江口 |
| 位置 | 江苏和上海交界处 |
| 气候 | 四季分明，气候温和 |
| 水温 | 7月24～26℃，1月4～6℃ |
| 潮汐 | 正规半日潮 |
| 潮差 | 平均2.5米 |
| 资源 | 水资源、滩涂资源、矿产资源、旅游资源均很丰富 |
| 城市 | 上海市 |
| 港口 | 上海港，世界第二大港口，2013年吞吐量7.76亿吨 |

沉积，形成许多冲积岛和沙洲，岛屿和沙洲将河面隔成多个出口。崇明岛是长江口最大的冲积岛，顺河道略呈西北—东南方向延伸，长约76千米，宽13～18千米，面积1 126平方千米，为我国第三大岛。崇明岛和该岛南部的崇明浅滩，将长江口分成两个水道——北支和南支。南支到吴淞口外，又被长兴岛、西北的中央沙和横沙岛、东南的铜沙分隔成两个水道——北港和南港。长兴岛面积87.85平方千米，横沙岛面积49.26平方千米。南港在横沙岛东南又被九段沙分成两个水道——北槽和南槽。因此长江口形成三级分汊和四个入海口（北支、北港、北槽和南槽）的态势。

长江水量充沛，河口年径流量达9 240亿立方米，流量在世界大河中居第五位。5—10月为洪水期，7月流量最大；11月至翌年4月为枯水期，2月流量最小。年输沙量达4.86亿吨，在世界大河中居第4位。泥沙的沉积充填，使河口的平面形态和深度在不断的变化中。

河口地貌比较复杂。江心洲以上河槽断面是一个不对称的“V”字形，南深北浅。江心洲向下进入南支处有白茆（máo）沙居于中央，将河道分为北水道和南水道。北支河段长78.8千米，上段窄，下段宽，呈喇叭形。其河水流量仅占长江总流量的1%～2%。枯水期常出现潮流倒灌现象，是一个淤积状态的河段，深于5米的水槽不

### 城市风信标

上海十佳旅游点

| | |
|---|---|
| 东方明珠广播电视塔(黄浦江畔) | |
| 金贸大厦 | |
| 海洋水族馆 | (陆家嘴金融中心) |
| 滨江大道 | (上海东外滩) |
| 磁浮列车 | (浦东) |
| 世纪公园 | |
| 外滩观光隧道 | (陈毅广场—浦东国际会议中心) |
| 上海科技馆 | |
| 浦东国际机场 | (市东郊) |
| 陆家嘴中心绿地 | (小陆家嘴) |

连贯。南支是长江主要泄水通道。自白茆沙至中央沙，北侧有扁担沙嘴，北连崇明岛，向东南延伸至中央沙北方，隔新桥通道与中央沙相望。扁担沙嘴北侧有深于10米的新桥水道贴近崇明岛南岸。扁担沙嘴以南有新浏河沙，又将南支水道一分为二。南侧是宝山水道，白茆沙、扁担沙嘴、新浏河沙以南为南支主槽，水深大于10米。北港自中央沙向下伸展将水道一分为二，主槽靠近崇明岛，水深大于5米。南港自中央沙南侧向下延伸，将南港河槽分隔成长兴岛涨潮沟和南港主槽。长兴岛涨潮沟，涨潮带进的泥沙落潮时不能全部带走，导致深槽淤积。南港主槽顺直，宽且深，水深10～15米。5米等深线与南槽贯通。南槽一直是长江口的主要入海航道，经人工疏浚，水深保持在7米以上。河口存在着拦门沙，滩槽相间。浅滩有崇明东滩、横沙东滩、九段沙。各滩之间的水槽中有航道拦门沙，一般水深只有6米。其中北港拦门沙最小水深4.11米，最大7.32米。北槽水深变化范围为5.1～6.9米，南槽拦门沙水深变化范围为4.88～6.7米，1958年以后为5.5～6.5米。长江口外有面积为1万平方千米的水下三角洲。

上海港集装箱码头

长江口位于北亚热带，属季风气候，四季分明，气候温和。冬季受北方冷空气影响，春末夏初为梅雨季节，夏季受太平洋副热带高压的影响。平均气温：冬季4.6℃，春季13.7℃，秋季17.8℃。夏季盛行东南偏南风，冬季盛行西北偏西风，春季多东南风，秋季多西北风。陆地一带最大风速8～9级，水面最大风速9级。一年四季都可能有雾，但主要集中在两个季节：3—5月，每月平均雾日3.9个；10月至翌年2月，每月平均雾日3.4～5.9个。7—8月雾最少，月平均雾日0.9个；8—9月口外几乎没有雾日。年平均降水量1 026.5～1 110.9毫米。雨季有三个：4—5月为春雨期，初夏为梅雨期，9月为秋雨期。10月至翌年2月为旱季，12月降水量达到最小值，只占全年的3.3%。夏秋季为长江口热带气旋季节，平均每年2.74个。表层水温：7月平均24～26℃，1月平均 4～6℃。潮汐属正规半日潮性质。长江口外平均潮差 2.5 米，向西逐渐增大，大蕺（jí）山 2.8 米，南槽 2.91 米，最大 5 米；南支再往西又逐渐减小；北支因河床呈喇叭形，潮差大于南支，大潮时有涌潮出现。潮流属往复流，最大落潮流 5.4 节，最大涨潮流 4.6 节。盐度受河水影响比较复杂，一般向外海逐渐增高，自南向北增高，各个季节也不同，表层和底层也不一样。以夏季为例，各水道口盐度小于 4‰，佘（shé）山、鸡骨礁大于 10‰，到绿华山超过 16‰。

长江口资源十分丰富，种类繁多。①水产资源。由于长江口有大量淡水入海，海潮顶托，形成咸淡水交替的生态环境，使鱼类的生态类型有淡水鱼、咸淡水鱼、淡海水洄游鱼和海水鱼四类 160 多种。捕获量较多的有：海鳗、盾棘魟[1]（hóng）、大黄鱼、日本鮋（tí）、银鲳、龙头鱼、鲈鱼、凤鲚（jì）、中华海鲇（nián）、黄鲫（jì）、中华鮋、赤鮋、条纹东方鲀（tún）、鳓（lè）鱼等。此外还有中华绒螯蟹，以及滩涂生物缢蛏（chēng）、焦河蓝蛤（gé）、泥螺等。长江口是我国重要的河口渔场。②滩涂资源。滩涂上除天然生物资源外，还可发展养殖业，围海造陆，用于沿海工农业工程各种建设。③矿产资源。长江口外有丰富的石油天然气资源，横沙岛以上河段有丰富的建筑沙石材料。④旅游资源。沿岸地区有一批人类活动历史遗迹和纪念场所可供参观，许多海滨景观可作娱乐休闲之用。⑤动力资源。长江口的潮汐能和风能资源比较丰富，且是无污染、可再生的动力资源，利用前景较大。⑥港口航道资源。这是长江口诸资源中最重要的一种资源。上海港是我国大陆沿海第一大港。整个河口地区还有 50 千米左右的深水岸段可用于建深水港。河口各水道是上海港通往国内各港口和世界各港口的出海口，也是长江内河干线的通海咽喉。江口各航道虽然变化较大，但经人工整治，完全可以保证主航道的水深。当前维护水深达 7 米以上，加上乘潮深度，万吨轮可通行无阻。若经进一步整治，长江口水域在长江三角洲地区经济快速发展中将发挥更巨大的作用。

由于长三角经济区发展迅猛，上海老港区的运力已不能适应其要

① 魟为鱼，身体扁平，略呈方形或圆形，尾呈鞭状，有毒刺。

求，因此现在已在杭州湾口北侧浙江省崎山区列岛建成洋山港区。此港区与陆地建成一座大桥（东海大桥），上海全港（包括此港区）的年货物吞吐量已达 7.2 亿吨（2013 年），仅次于宁波舟山港，列世界第 2 位。

## 8. 杭州湾 Hangzhou Wan
## ——壮观的钱塘潮观潮处

杭州湾是中国浙江钱塘江河口湾，呈喇叭形。湾口朝东连东海，位于上海南郊的南汇嘴和宁波穿山半岛的峙头山之间，口宽达 100 千米（见图 6）。向西逐渐变窄，到澉浦附近宽仅 20 千米，湾顶为钱塘江。湾北岸为长江三角洲南缘，南岸为宁绍平原北缘。

图 6　杭州湾

杭州湾的海岸以平原海岸为主，北岸独山至乍浦、秦山至钱塘江口有岸边小山和平原相间分布，南岸甬江口至峙头山为低矮的丘陵地，甬江口以西仅有龙山、伏龙山一段为山地，其余均为平原海岸。海湾海底地形东深西浅，湾口附近有舟山群岛屏障，水深8～9米。自湾口至乍浦，海底地势平坦；从乍浦向西，海底以0.1‰～2‰的坡度抬升，到澉浦附近，水深约4米；到钱塘江河口形成巨大的沙坝，水深仅1～2米。北部沿岸有深槽发育，南部沿岸滩地宽广。

**海湾名片**

| | |
|---|---|
| 湾名 | 杭州湾 |
| 位置 | 长江口以南 |
| 水深 | 东深(9米),西浅(1米) |
| 潮汐 | 半日潮型 |
| 潮差 | 湾口3.5米,澉浦附近8米 |
| 资源 | 湾口为著名的舟山渔场的一部分 |
| 城市 | 杭州市 |
| 港口 | 上海洋山港、宁波舟山港 |

杭州湾海水较浑，含泥沙较多，海底泥沙层较厚。泥沙来源有钱塘江泥沙下泄，也有长江泥沙下泄转入。自北向南的“中国沿岸流”夹带长江下泄泥沙至杭州湾口，又受自南向北的黑潮的顶托，在杭州湾形成一股泥沙流带。

湾中水域的表层水温，冬季高于气温，夏季低于气温。海水盐度东部为30‰，向西逐渐降低至10‰。潮汐属半日潮型。涨潮流主流多经王盘山以北，使北岸岸线缓慢后退；落潮流主流一般经王盘山以南，因流速沿程降低，南岸发生淤积，形成沿岸宽广的滩地。由于湾口向湾顶逐渐变窄，湾底逐渐变浅，潮差自东向西增大，湾口平均潮差约3.5米，向西达5米，在澉浦附近，最大潮差在8米左右，到宁海附近水面宽仅2.6千米，水深仅1～2米，形成波澜壮阔的涌潮，最高达8.93米。宁海怒潮自古著称于世，尤以秋分前后的望日涌潮最为壮观。

湾域自然资源丰富。湾口王盘洋为舟山渔场的一部分。由于湾底泥沙层较厚，加上来自长江和钱塘江的有机物质，这里成为一些鱼类洄游和产卵的场地。湾内鱼类有白虾、子鱼、鲳鱼、齐鱼，洄游鱼类有海蜇、银鱼、鳓鱼，还曾捕到过黄鱼、海龟和中华鲟。水域中还有金、银、镭等金属。由于潮差大，潮汐能蕴藏量很大，据推算，如能充分利用潮汐发电，年发电量至少可达200亿度。

**城市风信标**

从北岸的乍浦到南岸的慈溪，跨杭州湾大桥使上海至宁波陆路交通缩短120多千米

杭州湾南北两岸有广阔的滩涂。若从零米等深线围涂，可得到数

百万亩土地。这些土地可成为良田，发展农业；可以搞海水养殖，发展水产业；也可办工业企业，如北岸金山卫，围海造地建成上海石油化工总厂。我国第一座自行设计和建造的秦山核电站就坐落在湾的北岸边。

● 杭州十景
（康熙三十八年）
苏堤春晓　曲院风荷
平湖秋月　断桥残雪
柳浪闻莺　花港观鱼
雷峰夕照　双峰插云
南屏晚钟　三潭印月

北岸金山至澉浦一线适合建港口，尤其以乍浦、独山两地更为优良，有可建3万吨级泊位多处。乍浦是被孙中山先生誉为“东方大港”的港址，背靠经济发达的长江三角洲，东北距上海市区100千米，西距杭州市区115千米，北距嘉兴市区仅42千米，与宁波港的海上距离为174千米。嘉兴港（乍浦港）工程于1987年开工，1992年以后陆续交付使用。2004年，一、二期码头完成货物吞吐量310万吨。至2014年，码头总长度1383米，8个万吨级公用泊位，前沿水深15米。2015年，完成货物吞吐量6269万吨，集装箱吞吐量122万标箱。嘉兴港正逐步成为浙江省北部对外贸易主通道，长江三角洲地区的重要港口。杭州湾南岸甬江口以东，岸边水深浪小，镇海石化总厂和北仑10万吨级的矿石码头就建在这一岸段。北仑港以东，尚有许多可建10万吨级泊位的港址。其中穿山港，无论刮什么大风，都不会掀起大浪，是优良的避风港区。

杭州湾的海岸山、湾中的岛屿，以及湾口舟山群岛中的一些岛屿，树木繁茂，风景秀丽，年平均气温15℃左右，酷暑严寒短暂，山脚滩涂沙质细软洁净，可大力发展旅游业。

● 杭州新十景
（1985年）
吴山天风（粮道山路43号）
阮墩环碧（西湖中小岛）
云栖竹径（五云山南麓）
满陇桂雨（南山满觉陇）
虎跑梦泉（大慈山下）
龙井问茶（凤篁岭山）
九溪烟树（鸡冠垅下）
黄龙吐翠（北山栖霞岭北麓）
玉皇飞云（玉皇山）
宝石流霞（宝石山）

杭州湾位于中国海岸线的中点，其南北两岸陆地属以上海为中心的长江三角洲经济圈的一部分。湾域的开发将会进一步促进区域经济的发展。但是杭州湾又阻断了南北陆地的交通。为此，当地政府和专家提出修建一条长达36千米的海上和海底交通通道以穿越杭州湾的设想。通道南起慈溪，北至平湖境内的郑家埭。该通道可省去上海经杭州至宁波的绕行，使上海浦东与浙江宁波、绍兴、温州、台州等正处在经济高速发展的地带相连，形成以上海港为中心，宁波港为南翼，南京、镇江、南通为北翼的港口群，更有利于这一地区的经济发展。

2007 年 6 月，杭州湾跨海大桥全线贯通。大桥建成后缩短了宁波至上海间的陆路距离 120 余千米。

## 9. 象山港　Xiangshan Gang
## ——峡道形优良港湾

象山港旧称象山浦，实际上是一个海湾；位于我国浙江省东部、东海西北侧；形似峡道，呈东北—西南走向，南部为象山半岛。湾口在东北，位于北岸黄牛礁及南岸礁山角之间，口宽 7 000 米。两岸为浙东低山、丘陵，海拔 200~600 米。沿岸平原狭小，多泥岸，部分为岩岸。海湾有袅溪、大嵩江等 37 条山溪小川注入。

**海湾名片**

| | |
|---|---|
| 湾名 | 象山港 |
| 位置 | 东海西北侧，浙江省东部 |
| 长 | 约50千米 |
| 宽 | 3~8千米 |
| 面积 | 226平方千米 |
| 水深 | 10~20米，中部50米 |
| 潮汐 | 正规半日潮 |
| 潮差 | 湾口2.84米，湾顶3.74米 |
| 资源 | 经济鱼类有40多种 |

湾中有 40 余个岛屿，多分布在中、西部，较大的有缸爿山、大对山、南沙山、白石山、悬山、铜山和横山等。湾顶分为钦港（狮子口）和黄墩港两个小湾，为良好锚地。中部向东延伸入象山半岛有一小湾西沪港，是著名防台风良港。湾内水深 10 ~ 20 米，中部达 50 米。缸爿山以东少岛礁，水深，水道宽阔。海域大部为泥底，滩涂宽 1 000~3 000 米，尤以西部为宽。

海湾位于北纬 29° ~ 30°之间，属亚热带湿润气候。年均气温 16.3℃，1 月 4.2℃，7 月 27.8℃。9 月至翌年 3 月多东北—北风，风力较强；4—8 月以东南—南风为主。台风季节（7—9 月）有台风在此登陆，平均每年 2.9 次。年平均降水量 1 463 毫米，多集中在 5—9 月。冬春为雾季，年平均雾日 13~30 天。海水盐度 7 月最高为 27.23‰，12 月最低为22.44‰。潮汐为正规半日潮。潮差：湾口2.84米，中部3.33米，湾顶3.74米。潮流为往复流，流速2节，中部达3~4节。落潮流流速大于涨潮流流速。湾内泥沙不易沉积，有利于保持湾域水深。

海域自然条件优越。周围多山，湾口有六横、佛肚等岛屏障，有利于防风。湾域生物资源丰富，品种繁多，共有330种，其中鱼类120种，软体动物90多种，甲壳类80多种，藻类30多种。主要经济鱼类有：大黄鱼、小黄鱼、带鱼、鲈、鲳、鮸（miǎn）、鲨、鲻、鲷、鳐、魟、鲼（fèn）、鲚（jì）、鳗、鲥（shí）等40余种。以贝类为主的养殖业也很发达。沿岸经济发展是以港口和渔业为主的海洋经济，潜力很大。

海域水陆交通便利。公路通宁波等地，东部西泽至横山有轮渡；水路出湾口向东北经佛肚水道通宁波、舟山，往东南经牛鼻山水道可通椒江、温州及外海。历史上是海防要地。明末抗倭，曾在湾口两侧郭巨、钱仓设千户所。1899年意大利军舰入侵，威逼清政府“租借”附近一带。1940年，日军曾于湾口北岸登陆入侵。

## 10. 三门湾 Sanmen Wan
## ——浙东海防要地和渔业基地

三门湾位于我国浙江省东部、东海西北侧、舟山群岛西南方，居全国海岸线的中心，为浙东门户。湾域略呈西北—东南方向延伸，长约42千米。湾口在东南，介于南田岛南端和西南岸青峙山之间，宽约22千米。湾的中部大甲山附近宽仅10千米，向西宽度增至20千米左右。面积775平方千米，其中滩涂面积占1/3以上。

海湾北岸为象山半岛，西、南为陆岸。沿岸为浙东丘陵，群山环抱，峰峦叠嶂，一般海拔200~400米。珠游溪、白溪、清溪等30多条短小山溪注入海湾。沿湾有小片平原。湾岸曲折，湾内多港汊，湾形如伸开五指的手掌。湾内岛屿罗列，有大小岛屿300余个。湾口北侧有南田岛、高塘岛、花岙岛、大甲山等岛屿屏障。入湾有多条水道，主要在东南部湾口。湾口有三门岛和五子岛列于中央，将湾口分成两个水道。其中东北侧水道深5~10米，为主要进出航道。高塘岛和花岙岛之间有珠门港水道，为一通往外海的狭窄水道。高塘岛以北有三门水道，通往石浦港。石浦港水深大部为 10 ~ 20 米，是一个多出口的避风良港，也是著名的渔港。湾中部有下万山、青门山、灶窝山等岛屿，又将入湾水道分为两个，东北侧是满山水道，深 10 ~ 20 米，西南侧是猫头水道，深 10 ~ 40 米，均可达湾顶各处。猫头水道西南有健跳江连通健跳港。健跳江口水浅，港内水深，为小型舰船防台风锚地。西北部有蛇蟠岛、花鼓岛、三山、花箕山等岛屿。岛岸之间有大片泥滩。但蛇蟠岛、花鼓岛之间有蛇蟠水道，通海游港（三门）。北部有水道通胡陈港、沥洋港。东北有白礁水道通象山半岛腹部。

**海湾名片**

| | |
|---|---|
| 湾名 | 三门湾 |
| 位置 | 东海西北侧，浙江省东部 |
| 湾口宽 | 22千米 |
| 面积 | 775平方千米 |
| 水深 | 大部为10~20米 |
| 潮汐 | 正规半日潮 |
| 潮差 | 平均4.25米 |
| 资源 | 经济鱼类丰富 |
| 港口 | 石浦港，浙江省仅次于沈家门港的第二大渔港 |

海湾位于北纬 29° 线北侧，属亚热带季风气候。气候温和湿润，四季分明，雨量充沛。年均气温 16.3 ℃。年均降水量 1 550 毫米。10 月至翌年 3 月多偏西风，6—8 月以东南风为主。年平均风力 3 ~ 4 级。7—9 月多热带风暴和台风，年平均约 3 次。年平均雾日 33 天，多在 4—6 月。海水盐度：平均 24.9‰，冬季平均 24.6‰，蛇蟠水道最低为 22.7‰，夏季 26.6‰，湾口最高达 30.8‰。潮汐属正规半日潮，平均潮差 4.25 米，最大 7.75 米，为强潮流海湾。潮流为往复流，湾口流速为 1.5 ~ 2.5 节，蛇蟠水道 2.5 ~ 3.3 节。落潮流大于涨潮流。

流入海湾的河水带有丰富的营养盐，适合浮游生物生长，为各种鱼类提供饵料，是浙江省水产资源最丰富的海湾之一，是贝类和苗种养殖基地。主要经济种类有：大黄鱼、小黄鱼、带鱼、黄鲫、鲨、鲳、鳗、鲻、鲈、鲥、鳓、石斑鱼，以及多种虾、蟹、贝、藻类等。湾内石浦港为仅次于沈家门港的浙江第二大渔港。健跳港也是重要渔港，且为可建成万吨级码头的深水港。

三门湾位于舟山群岛南翼，为海防要地。明洪武年间曾在石浦、健跳设千户所。嘉靖年间戚继光在此抗击倭寇。1885 年 2 月 12 日，清援台舰队与法舰在石浦港外遭遇，清舰北撤时，“驭远”“澄庆”两舰驶入石浦港隐蔽，被法舰击伤后自沉于港内。1899 年意大利派军舰入侵，威逼清政府“租借”三门湾，遭到拒绝。1954 年 3 月，中国人民解放军海军航空兵在三门湾上空，为掩护舰艇作战，进行了组建以来的首次空战。

三门湾既是海防要地、渔业基地、避风锚地，许多岸段又可建深水港，广阔的滩涂还可建成养殖基地，更可围海造田、堵港蓄淡、潮汐发电，因此综合开发利用三门湾大有前途。

## 11. 三都澳 Sandu Ao
## ——五指状的优良深水港湾

“良港三都举世无，水深湾阔似天湖。”中国东海黄金海岸线上，有一处五指状的宝镜熠熠闪光，它就是三都澳。

三都澳是世界少有的优良深水港湾。位于台湾海峡北口外西岸，扼台湾海峡通往东海的航线。港湾口小腹宽，非常隐蔽。湾口朝南（见图 7）。湾域由东南侧的东冲半岛和南侧的鉴江半岛合抱而成。湾西有鹫峰山脉和洞宫山脉的分支，湾北有太姥山脉支脉直逼海滨。海湾有交溪、霍童溪、七都溪等注入。港湾水域伸入陆地，形状极不规

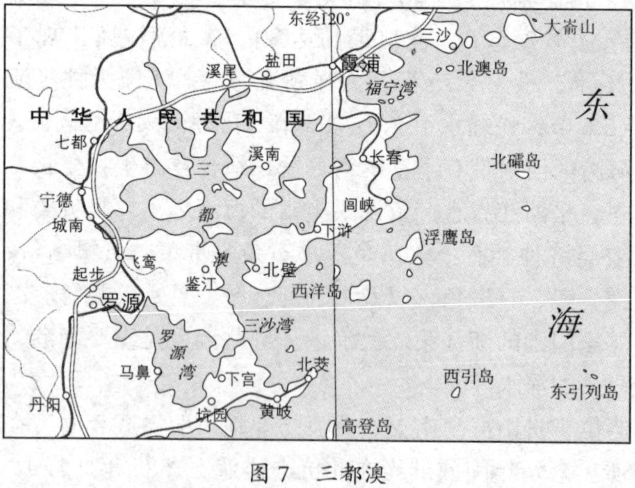


图 7 三都澳

则，极似伸展五指的手掌，被多个半岛分割成东吾港（三都内澳）、盐田港、白马港、横屿锚地、宁德水道等支湾，中部比较开阔，向南经 3 千米的湾口航道通东海。湾内有三都岛、青山岛、东安岛等众多的大小岛屿，周围山高达 300 ~ 800 米，形势非常险要，可避来自各个方向的风浪。

三都澳南北宽约 28 千米，东西长约 42 千米。水深大部为 5 ~ 50 米，南侧最深处可达 100 米。10 米以上水深面积占全湾水域的 40%，分布于中南部，有深水航道通往北部各湾澳。沿岸多泥滩，但 10 米以上深水岸线约占 23%。底质多为泥底，有少量沙底和岩底。进出口航道中部有岛礁存在，北为鸡公山，南有荷叶礁。主航道为东侧的东冲水道。西侧航道是鸡公山西水道，亦称小门水道，最窄处宽约 1 200 米，可通各种类型舰船。

三都澳地处亚热带湿润气候区。2 月气温最低，平均 9.5℃；7—8 月最高，平均 28.4℃。年平均降水量 1 631 毫米，年降水日 174 天。年平均雾日 12 天，3—6 月为雾季。全年多东风和偏东风，平均风力为 5 级，湾内风力常比湾外小 2 ~ 3 级。年平均受 8 级以上热带气旋影响 3 ~ 4 次，最多 5~6 次。四季均可发生雷暴，以 5—6 月最多，平均雷暴日 51.8 天。雷雨大风时湾内受影响较大。潮流为顺水道往复流，流速 1.3 ~ 6 节，以荷叶礁附近和鸡公山西角附近最强，大潮落潮时更甚，有时达 7 节。

湾内有上百个岛屿和众多的礁石，岛礁间有许多水道和锚地，可供舰船通行和分散锚泊。主岛三都岛位于湾西部，东西长 10.5 千米，南北宽 3.3 千米，面积约 25 平方千米。岸外多泥滩。西南角为三都镇所在地，建有港口设施。三都锚地位于三都岛南岸与陆岸间，是湾中主要锚地，可泊大型舰船；往西可经宁德水道至宁德市，但水浅道窄；往东可经金梭门水道通湾口，或经青山水道至湾的北部和东部。三都岛西部有深水

**海湾名片**

| | |
|---|---|
| 湾名 | 三都澳 |
| 位置 | 台湾海峡北口外西岸 |
| 面积 | 约430平方千米 |
| 水深 | 大部为5~50米 |
| 潮汐 | 正规半日潮 |
| 潮差 | 平均5米，最大8米多 |
| 城市 | 宁德市 |
| 港口 | 宁德港 |

锚地，北部为浅滩，浅滩东侧有一深水航道，通往西北横屿锚地，是小型舰船防台风的优良锚地。第二大岛青山岛除西北部外，周围水深一般大于20米，东部是开阔的官井洋。第三大岛东安岛东北为三都内澳，较开阔，但向北海水逐渐变浅，可作中小型舰船锚地。湾北有白马港和盐田港两个支汊，接近汊口处可作中小型舰船锚地，附近有一些小型码头设施。白马港顺溪上溯20千米处有赛歧镇，有码头设施。湾口外有浮鹰、西洋、东洛等岛屿和黄歧半岛，是三都澳的天然屏障。

三都澳除有优良的避风条件外，经济上也具有重要的开发价值。目前，新兴港口城市宁德市致力于建设海峡西岸经济区。工业发达、山川秀美的新宁德以三都岛、青山岛两个岛屿为主，并与周边的小岛形成三都澳区域的生态绿色核心，建设闽东工业园区和铁基湾新区；配合宁德港建设拓展城澳、溪南、漳湾、湾坞、下白石五个重要港口作业区。城澳港有公路可通往飞鸾、宁德、罗源和福州，可成为闽东北的重要出海口。现宁德港年货物吞吐量已达1 000万吨以上（2013年）。

三都澳处于台湾海峡北口外，接近东海经台湾海峡去南海的航线，也具有重要的军事价值。

## 12. 湄州湾 Meizhou Wan
## ——台湾海峡西岸最优良的港湾

湄州湾因处海陆之际，形如眉宇，故称湄州。岛上妈祖庙闻名海内外。

湄州湾东北离马祖列岛和闽江口约150千米，西南离金门和厦门约100千米。海湾向北伸入陆地约33千米，湾内各处宽窄悬殊，形态复杂。三面环山，湾口朝东南，面向台湾海峡。湾口有湄州岛横亘。湄州岛向西9千米又有盘屿、大竹岛、小竹岛、小霜屿呈东北—西南分布，形成对海湾的屏蔽；再向北13千米还有罗屿、横屿和洋屿呈东西方向排列，形成内澳的屏障。湾内风浪很小，隐蔽防风条件极好。

湾岸极为曲折，岬湾相间，有多个半岛伸入湾中，使湾内形成许多小湾。海岸主要为基岩海岸，局部有淤泥质、沙质和红树林海岸，岸线长 187 千米。无大河入湾，注入的溪流均很短小。海湾淤积不严重。湾内中轴部深度较大，从湾口至秀屿以北的航道深度都在 10 米以上，并由北向南、由东西两侧向中部、由湾首向湾口加深。其中横屿与罗屿之间的深槽、大竹岛南北几个口门深槽的深度都在 20 米以上，最大深度达 52 米。航道既深且宽，航泊条件优越。湾首附近秀屿水深 10 ~ 16 米，深水岸线长 2 000 米，肖厝水深 10 ~ 20 米，深水岸线长 2 400 米，两处深居湾内。5 万吨级船舶可自由进出，10 万吨级船只可趁平潮出入，黄瓜屿和斗尾一带可停泊 30 万吨级船舶，建港条件优越。湾内有湄洲湾港，包括湄洲湾北岸秀屿港区和湄洲湾南岸肖厝港区，港口货物吞吐量 7791 万吨（2015 年）。

**海湾名片**

| | |
|---|---|
| 湾名 | 湄州湾 |
| 位置 | 中国福建省海岸中部 |
| 面积 | 423.8平方千米 |
| 水深 | 湾口至秀屿航道深10米以上，中部各屿之间深槽在20米以上 |
| 潮汐 | 正规半日潮 |
| 潮差 | 秀屿平均5米，最大7.59米 |
| 资源 | 鱼类100多种，贝类30多种，甲壳类20多种，藻类多种 |

湾的北部、东北部、西部各湾中有大片滩涂，极有利于发展盐业、围垦和滩涂养殖。

海湾位于北纬 25° 纬线附近，属亚热带海洋性气候，暖热湿润，冬季短暂。年平均气温 20.3℃。7 月最热，月平均气温 28.4℃；1 月最冷，月平均气温 11.6℃。极端最高气温 39℃，极端最低气温 0.3℃。春、秋、冬季盛行东北风，夏季（6—8 月）多西南风。年平均降水量 1 022 ~ 1 277 毫米，主要集中在春夏两季（3—8 月）。7—9 月为台风季节，平均每年 5.9 次。平均盐度：9 月至翌年 1 月 32‰，9 月 33.8‰。潮汐属正规半日潮。潮差较大，且由湾口向湾首增大。

海湾天然饵料丰富，适合海洋生物生长。水产品种有 350 多种。鱼类有鳗、马鲛鱼、大黄鱼、鳓、鲷等 100 多种，贝类 30 多种，甲壳类 20 多种，还有海带、紫菜、石花菜、江蓠等藻类。

## 13. 东山湾 Dongshan Wan
## ——郑成功训练水师的场所

东山湾位于福建省漳州市东南，东海海湾，周围为福建省漳浦县、云霄县、东山县。海湾口窄腹大，由两侧半岛合围，呈半封闭状。漳江从西北岸注入。海湾南北长约 20 千米，东西宽约 15 千米。湾内有尾涡屿、马鞍屿、丰屿、后登屿、大霜岛等 40 多个岛礁。

**海湾名片**

| | |
|---|---|
| 湾名 | 东山湾 |
| 位置 | 中国福建省海岸南端，台湾海峡南口西侧 |
| 面积 | 约250平方千米 |
| 水深 | 1~3米，湾口深于5米 |
| 潮汐 | 不正规半日潮 |
| 潮差 | 1.3~2.3米 |
| 港口 | 东山港（渔港和外贸港口） |

湾口在古雷半岛南端古雷头和东山岛东北端之间，有塔屿、虎屿、大坪屿、有水岩屿等为屏障，多为花岗岩构成。湾西岸、南岸滩涂狭窄，北岸、东岸岸滩低平宽阔。湾内水深大部分为 1~3 米，从湾口向湾内呈指状散射的潮流航道深于 5 米，最大的潮流航道从湾口直插湾顶漳江口，湾口处海底沙脊系脊槽相间，水深 17~36 米。年平均气温 20.2~20.8℃。虎屿有天然避风港，水深 23~37 米。东山港为渔港和外贸港，位于湾口西面，有 5 000 吨和 3 000 吨级泊位码头，常有船只往返厦门、汕头、香港、湛江、台湾、东南亚等地；漳江口北侧有下寨港。

周边乡镇工业发达，有盐业、食品、饲料、工艺等行业。渔业、养殖业发展迅速，湾内产对虾、石斑鱼、鲍鱼、扇贝、珍珠贝、泥蚶等，养殖品种包括虾类、贝类、鱼类、海带等 10 多种。

塔屿为风景区，文物古迹有云山石室、鹰石洞，是明武英殿大学士黄道周少年读书处。东山岛上风光秀丽，冬暖夏凉，有铜山十八景等名胜古迹。东山港历史上是郑成功训练水师和造船的场所，现留有古迹“万军井”。

## 14. 大亚湾　Daya Wan
### ——粤东渔业和盐业基地

**海湾名片**

| | |
|---|---|
| 湾名 | 大亚湾 |
| 位置 | 南海北部，中国广东省东部沿岸 |
| 面积 | 516平方千米 |
| 水深 | 5~18米 |
| 潮汐 | 不正规半日潮 |
| 潮差 | 平均小于1米，最大2.54米 |
| 资源 | 鱼类230多种，软体动物220多种，甲壳类80多种；是广东省的盐业基地；矿藏有玻璃砂、钨、锡等 |
| 港口 | 惠州港、范和港、巽寮港，广东省重点渔港 |

大亚湾位于我国广东省东部沿岸，由东侧的平海半岛和西侧的大鹏半岛合抱而成。东隔平海半岛临红海湾，西隔大鹏半岛近大鹏湾，邻我国著名特区深圳和香港特别行政区，湾口面向南海。东西宽13.5~25千米，南北纵深26千米，湾口朝南，口宽15千米。

大亚湾三面环山，属沉降山地溺谷湾，由黑褐色花岗岩组成。海岸曲折。东岸和北岸相对较为平直，西岸异常曲折。沿岸港湾众多，较大的湾有东北角的范和港、西侧的哑铃湾、西南角的大鹏澳。周边没有大河注入，入海河流均为短促的小溪，流量不大。湾内多岛屿和礁石。岛屿多数分布在偏西水域，主要有港口列岛、中央列岛、大辣甲和大洲头等，口外还有三门岛。海底较平坦，湾口深于湾首，东侧深于西侧，水深5~18米，底质以黏土和粉沙为主，岛礁区多岩底。

海域位于北纬22° 30′以南的南亚热带气候区。终年高温多雨，长夏无冬。北部受陆地影响较大。年平均气温约22.5℃，7月最高28℃以上，11月最低约为14.2℃。冬季以北风和东北风为主，夏季以南风和西南风为主。风速一般为2~3级，台风季节最大风速可达12级以上。年平均降水量2 000~2 700毫米，年降雨日100~150天。4—9月为雨季；10月至翌年3月为旱季，降水不足全年的20%。5—12月有热带气旋登陆，以7—8月最多，每年平均3.3个。水温9月21.4~30.7℃，5月17~18℃。表层盐度31.9‰，底层较高，为32.5‰。湾内各地潮流流向比较复杂，但一般流速只有0.8~1节。由于湾口朝东南，水深由湾口向湾首逐渐变浅，来自东南方的热带气旋容易形成风暴潮。如1979 年 8 月 2 日的台风使湾顶增水达 3.3 米。

海域资源比较丰富。虽然陆地注入的河流不多，陆源营养盐缺乏，但湾外富含营养盐的粤东近岸流进入海湾，形成由湾西向东的环流，适合浮游植物的生长，使渔业资源丰富。鱼类有 230 多种，主要有小沙丁鱼、鲹、竹夹鱼、斑鰶（jì）、前鳞鲻等。软体动物有 220 多种，其中数量最多、经济价值高的有马氏珠母贝、华贵栉孔扇贝、栉江珧（yáo）、二色裂江珧、半扭蚶（hān）、毛蚶等。甲壳类（虾蟹类）也有 80 多种。沿岸多数滩涂为水产养殖基地。范和港和稔山是广东省晒盐生产基地。矿藏有玻璃砂、钨、锡等。海域附近没有大城市，少污染，沙白水清，奇岩怪石，山峦叠翠，多名胜古迹，旅游资源也很丰富。沿岸优良港湾众多，适合建港。广东经济发展迅速，交通方便，临近香港，发展潜力巨大。惠州港、范和港、巽寮港是广东的重点渔港，其他渔港还有霞浦、港口、平海、稔山、东山等港。

## 15. 珠江口 Zhujiang Kou

## ——“东方明珠”荟萃之地

珠江口是珠江的出海口，广东省中部南海的海湾。北起虎门以南的川鼻水道，从西侧的大角咀至东侧的沙角西端，宽约 4 千米，再向南呈喇叭状逐渐宽阔。南北延伸约 67 千米（见图 8）。南口有大屿山（大濠岛）横卧，分东西两个出口，东侧通香港水域，西侧为一般意义上的珠江口南口，由澳门一侧的九澳岛大担角向东，至大屿山西端一线，宽约 30 千米。珠江口中部内伶仃岛周围水域习惯上称伶仃洋，西南部九洲列岛附近水域称为九洲洋。

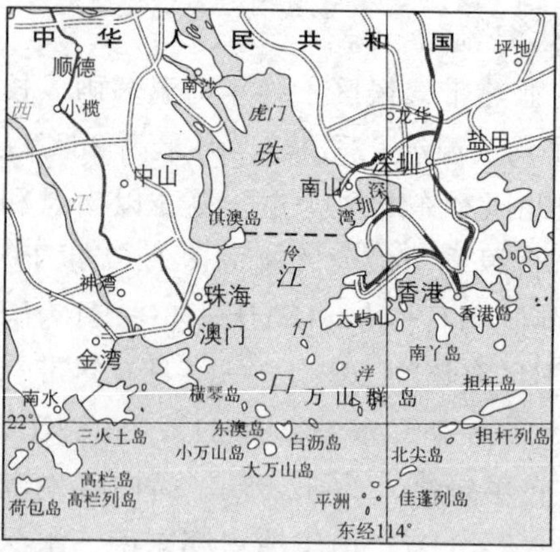


图 8 珠江口

珠江口外有众多的岛屿，主

要的岛群是万山群岛，是珠江口南部屏障和广州港等水运的出海航道必经之地。群岛又分担杆列岛、佳蓬列岛、三门列岛、隘洲列岛、蜘洲列岛、万山列岛，以及散列的外伶仃岛、桂山岛、三角岛等大小 70 多个岛屿。大万山岛位于万山列岛西南部，是闻名遐迩的边防要塞，有“永不沉没的航空母舰”之说。湾内较大的岛有淇澳岛、内伶仃岛等。内伶仃岛因独居海中而得名，岛上大部为丘陵地，主峰尖峰山海拔 341 米，有许多悬崖、怪石和岩洞，1988 年列为国家自然保护区，保护对象有猕猴等。

**海湾名片**

| | |
|---|---|
| 湾名 | 珠江口 |
| 位置 | 南海北岸，中国广东省海岸中部 |
| 宽 | 4～30千米 |
| 长 | 67千米 |
| 潮汐 | 不正规半日潮 |
| 潮差 | 不超过2米 |
| 城市 | 香港、广州、深圳、珠海等 |
| 港口 | 香港、广州、深圳 |

海湾由虎门、洪奇门、横门、蕉门等口门纳珠江水流，注入的江河还有东江、流溪河、西江、北江。年径流量 1 792.6 亿立方米。表层海水盐度 12‰～26‰。海湾开阔，大部分水域浅于 5 米。沿南北向中线和沿东侧近岸形成纵贯海湾的水道。从北部虎门开始，经川鼻水道、龙穴水道，向南分开。中线有伶仃水道，至出海口处分为西侧大西水道、东侧大滚水道。东线为矾石水道，至南部连接香港西通道。

川鼻水道，南接龙穴水道，为广州出伶仃洋必经航道，长约 11 千米，宽 2 000~3 000 米，水深 5～18 米，主航道水深 9.4 米。龙穴水道，南接伶仃水道和矾石水道，长 7.4 千米，宽 3.3～5.6 千米，水深 5～11 米。伶仃水道，南接大滚水道，长约 43 千米，宽 0.7～4.4 千米，水深 5～16 米，主航道宽 160 米，水深 8.6 米。大滚水道，长 14.4 千米，宽 3.7~5.6 千米，水深 15～20 米。大西水道，东北—西南走向，长 18 千米，宽 5.6 千米左右，水深 12.9 米。矾石水道，长 30 千米，宽 2.8～5.4 千米，水深 5～20 米。

珠江口附近年平均气温 22℃，年降水量 1 800～2 000 毫米。5—8 月多西南风，9 月至翌年 4 月为东北季风期，通常平均风力 4～5 级，最大可达 8 级。夏秋季受台风影响较多，7—9 月最甚，年受台风入侵次数为 5 次。海洋灾害主要是台风、风暴潮，以及大量工业排废造成的污染。在深圳湾附近曾发生过赤潮，致使大量牡蛎死亡。

珠江三角洲经济发达，是中国改革开放最早的区域，有香港、广州、深圳、珠海、中山、顺德、东莞、佛山等城市。铁路、公路、空运、水运交通发达，珠江口以东有广九铁路、广深高速公路，西侧公路网、内河运输网密布。珠江口及附近海域自然条件好，港湾锚地多，是我国南方的海上贸易门户。湾内有深圳湾、前海湾、交椅湾、唐家湾、香洲湾等。

湾附近有中国大型港口香港、广州港。两侧的蛇口港、赤湾、新湾、横门港、金星港、香洲港、九州港、澳门港也为优良港口。深圳是新兴起的现代化城市，是中国对外贸易和国际交往中新的重要口岸，年货物吞吐量达2.17亿吨（2015年），集装箱运输量达2421万标箱（2015年），列世界第3位。广州港是广东最大的港口，黄埔港区为其外港，有20多个万吨级深水泊位，可靠泊2万吨级满载巨轮，年货物吞吐量5亿吨（2015年），居全国第三位。香港是世界著名天然良港，每年有10多万艘船舶进出港，其集装箱运输量达2 353.9万箱（2006年），居世界首位。2015年，港口货物吞吐量为2.57亿吨，集装箱2011万标箱。珠海市确立“以港兴市”的发展战略，提升了在珠三角西部以及粤西经济腹地的区域影响力和竞争力。珠海港包括三个港口群体：西区为高栏港区，是珠海港的主体和重点深水港区；东区的桂山港区，是以油品为主的大宗散货中转港区；市区（中区）有九洲、香洲、唐家、前山、井岸、斗门等港区。珠海港码头总长约6.5千米，2015年货物吞吐量1.12亿吨，集装箱134万标箱。

珠江口附近在历史上是兵家必争之地。曾发生过1840年鸦片战争

### 城市风信标

广州旅游15景

黄埔军校旧址纪念馆(黄埔区长洲岛)
近代史博物馆(陵园西路)
三元里人民抗英斗争纪念馆(广元中路)
邓世昌纪念馆(海珠区宝岗大道)
洪秀全纪念馆(花都区新华镇大布村)
中山纪念堂(东风路)
农民运动讲习所旧址(中山四路)
孙中山大元帅府纪念馆(纺织路)
黄花岗七十二烈士墓园(先烈中路)
越秀公园(解放北路)
南海神庙(黄埔区庙头村)
星海园(麓湖西岸)
白云山风景区(广元中路)
华南植物园(北郊龙眼洞)
东方乐园(北郊)

中沙角、大角抗英战，虎门抗英战；抗日战争中，1937 年 9 月抗击日军驱逐舰队入侵的中日虎门的海战；1938 年 9 月—1945 年 8 月的华南水雷战；1938 年 10 月的大亚湾和珠江抗击日军登陆之战。至今仍在许多地方留有抗击外国侵略者的古炮台遗址。

## 16. 亚龙湾 Yalong Wan
### ——“亚洲第一湾”

亚龙湾

亚龙湾位于中国海南岛南端，在三亚市以东约 33 千米，又称琊琅湾、牙笼湾。三面环山，湾口向南。北侧湾顶有窄带平地与平缓沙滩，东面为亚龙半岛，西面为白虎岭。湾口在亚龙角与白虎角一线，宽约 9.8 千米，南北纵深 5.6 千米。湾内水深大部分 10 ~ 30 米，北岸距岸边 500 米处即深于 5 米，湾两侧海底更加陡深。湾口东部有东洲、西洲二岛屹立。湾内中部有野薯岛（亦称野猪岛），海拔 94 米，由花岗岩构成，附近为锚地，可泊万吨级海轮。野薯岛西方有东排、西排岛。主要港湾有亚龙港、六盘港。西北方有六盘河注入。

**海湾名片**

| | |
|---|---|
| 湾名 | 亚龙湾 |
| 位置 | 中国海南岛南端 |
| 湾口宽 | 约9.8千米 |
| 水深 | 大部10~30米 |
| 气温 | 年平均25℃ |
| 环境 | 湾内风平浪静，海水清澈湛蓝，岸上遍布热带植物林，青山连绵起伏，建筑新颖别致 |

湾附近气候温暖湿润，年平均气温 25℃。湾内风平浪静，海水清澈湛蓝，盐度较低。湾北有绵延 7 000 多米的沙质海岸，沙滩细软洁白。岸上遍布椰林、仙人掌林等热带植物林。

当地已引进外资建设亚龙湾国际旅游度假区等项目，有公路通三亚等地。旅游景点建筑新颖别致，游人不断。青山连绵起伏，海水清澈如镜。“三亚归来不看海，除却亚龙不是湾”是当今中外游客对亚龙湾由衷的赞誉。难怪那里有这样豪迈的标志：亚洲第一湾。

## 17. 北部湾　Beibu Gulf
## ——中越两国的海防前哨

北部湾东依中国的雷州半岛和海南岛，北靠广西壮族自治区，西与西北接越南东北部海岸（见图 9）。北部湾在中国汉代称为涨海，唐代称为交海，宋代开始称为交址洋，晚清称为广南海。19 世纪后期，越南沦为法国殖民地，以越南东京（即现在的河内）将该湾命名为东京湾。因此，1964 年发生的轰动世界的“北部湾事件”，一些国家称为“东京湾事件”。其实，中国和越南在 20 世纪 50 年代就因该湾位于南海北部而将其命名为北部湾。在中国，最早采用“北部湾”这一名称始见于 1958 年地图出版社出版的《中华人民共和国地图集》。

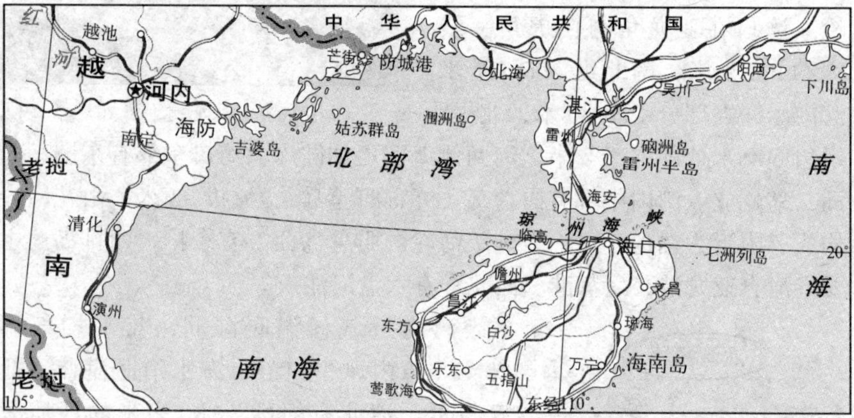


图 9　北部湾

北部湾是一个封闭的海湾，只有两个出口。东口为琼州海峡，宽约 20 千米，通常以雷州半岛西南端的滘（jiào）尾角和海南岛西北端的临高角连线为界。东口虽小，但它是北部湾中国沿岸各港进出北部湾的主要通道。主要湾口为南口，宽达 230 千米，以中国海南岛西南端的莺歌嘴与越南的来角一线连南海。东北—西南长约 550 千米，宽约 250 千米。根据 1964 年的调查资料，面积为 12.8 万平方千米。

北部湾全部位于大陆架上，海底地势平缓，从湾顶至湾口，地形呈阶梯状，由北而南逐级下降。浅于30米的海域面积占海湾面积的将近一半。海岸至30米等深线宽度，北部平均约50千米，雷州半岛西岸达70余千米，南部10～40千米。海底平均深度40米，最大深度在南口附近，深98米。湾内现代沉积物主要是陆源物质，以粉沙为主，沿岸较细，中部较粗。

沿岸陆地多平原和低缓山地。注入北部湾的最大河流是发源于中国流经越南首都河内的江河（中国境内叫元江），长1 280千米；其次有越南的太平河、马江、朱江、蓝江，中越界河北仑河，中国的钦江、廉江、九州江、昌化江、珠碧江等。海岸大部分为平直的沙质海岸，岸外少岛屿。但中国钦州湾至越南海防之间沿岸多山地，岸线曲折；北部沿岸多浅滩、岛屿，其中越南北部沿岸的拜子龙群岛有盖宝岛、吉婆岛、茶坂岛等3 000多个大小岛屿。海湾东北部有中国的涠洲岛、斜阳岛；中部只有海拔58米的白龙尾岛。

北部湾属热带季风气候，年平均气温24℃左右。10月至翌年3月为东北季风期，常受冷空气影响；5—8月为西南季风期，常受热带气旋和台风的侵袭（平均每年5次，多出现在6—10月），最大风力12级。路径以偏西和西北方向为主，穿越雷州半岛、海南岛或湾口进入湾内。海面气温冬季约20℃，夏季达30℃。12月至翌年4月多雾。年降水量为1 300～2 500毫米。

沿岸海水最低水温15℃，最高30℃，盐度小于32.5‰。中部和东部盐度较高，约34.0‰，水温20～30℃。透明度中部和湾口约10～22米，沿岸海域4.5～10米。风浪一般很小，但在冬季寒潮大风来临时，风浪波高可达2米；热

**海湾名片**

| | |
|---|---|
| 湾名 | 北部湾 |
| 位置 | 南海西北部,中国和越南之间 |
| 面积 | 12.8平方千米 |
| 水深 | 平均40米 |
| 气候 | 热带季风气候 |
| 水温 | 沿岸15～30℃,中部20～30℃ |
| 潮汐 | 全日潮 |
| 潮差 | 湾顶最大7米 |
| 资源 | 重要的热带渔场,鱼类达500种以上,经济鱼类50多种,虾类36种<br>钦州四大名产：青蟹、石斑、大虾和大蚝，合浦珍珠闻名古今 |
| 城市 | 钦州、海防 |
| 港口 | 北海、防城、海防<br>北海港2015年吞吐量2469万吨<br>防城港2015年吞吐量1.15亿吨<br>海防港2006年吞吐量1115万吨 |

带气旋和台风侵入时，可引起大浪和从南口传入的涌浪。

湾内为气旋型环流。湾口外海水进入湾内沿东侧北上，湾的西侧为向南沿岸流，流速 0.2 ~ 0.6 节。但夏季西南风强盛时湾北表层水为反气旋型环流，流速 0.2 ~ 0.4 节。潮汐以全日潮为主。潮差由湾口向北逐渐增大，到湾顶最大可达 7 米。湾内潮流主要为往复流，涨潮流大体上自南向北，湾口流速最大，可达 2.8 节，向湾顶逐渐减小至 0.8 节；落潮流大致向南，湾顶流速约 0.8 节，向湾口逐渐增大至 1.5 节。东口琼州海峡涨潮流向西，流速 2.3 节；落潮流向东，流速可达 3 节。

北部湾盆地自晚白垩纪开始形成，先后经历不同发育阶段，出现了 3 套不同的沉积，其中两个类型的沉积对油气的形成和聚集起着重要的作用。北部湾盆地（面积 3.5 万平方千米）和莺歌海盆地（面积 7 万平方千米）是中国已发现的近海大陆架上 6 个大型含油盆地中的 2 个，现都已开发。其中位于涠洲岛西南方约 50 千米处的涠洲 10-3 油田 1986 年 8 月已投产，原油已于同年 11 月销往国际市场。涠洲 11-1 油田 2007 年投产，与涠洲 11-4 和涠洲 12-1 相邻，其高峰日产量预计可达 7 200 桶 / 天。

北部湾是中国重要的热带渔场。北部各河口附近和中部环流区是高生物量区，浮游植物和浮游动物丰富，鱼类达 500 种以上。经济鱼类有红笛鲷、金线鱼、沙丁鱼、竹荚鱼、蓝圆鲉、鳐鱼、青鳞、红三、头鲈、石斑鱼、赤鱼、马鲛、黄鱼、鲚鱼、鲱鱼、鱿鱼、带鱼、墨鱼、鲭鱼、比目鱼、章鱼、鲨鱼、鲳鱼、银米等 50 多种。虾类有大对虾等 36 种。海蛇有 20 种。还盛产牡蛎、泥蚶、文蛤、江珧（yáo）[①]、刺参、日月贝等。哺乳动物有海牛、海豚。青蟹、石斑、大虾和大蚝（háo）[②]被称为钦州湾的四大名产。涠洲岛自古盛产海参，被称为“海参之乡”。中国北部湾沿岸还盛产被称为“南珠”的优质珍珠，以颗粒圆润、凝重结实、色泽艳丽、宝光莹韵而驰名中外，且已有两千多年的生产历史。中国古代就以拥有合浦珍珠为富贵，因此，这一带被誉为“珍珠的故乡”。

---

① 江珧，又叫“玉珧”，一种生活在海里的软体动物，壳三角形，肉柱叫江珧柱，干制后又称干贝，是珍贵的海味品。

② 蚝即牡蛎。

北部湾自古就是我国重要的海上通道。徐闻、合浦、钦州是重要起始港，可通达越南南部、泰国、马来西亚、新加坡、印度尼西亚、斯里兰卡、印度等国和阿拉伯地区，被誉为“海上丝绸之路”。据史料记载，汉武帝平南越之后就开辟了这条海上丝绸之路。自汉唐至宋明，该航路曾呈现一派繁忙景象。来往于这条通道上的有商人，有朝贡的使者，有到印度朝圣的僧侣。

北部湾畔现代的重要港口有：中国的北海、防城、八所，越南的海防、鸿基等。北海不仅是古代“海上丝绸之路”的始发港之一，也是现代中国的对外开放港口城市。北海港是中国西南地区与港澳地区之间货物的转运港，且与 67 个国家和地区的 130 多个港口有贸易往来，年货物吞吐量 2469 万吨（2015 年）。北海也是广西最重要的渔业生产基地。防城港是水深、避风、回淤少的天然良港，随着防城至南宁铁路的通车，防城港已成为广西最大的港口和中国西南地区最近的出海口，年货物吞吐量 1.15 亿吨（2015 年）。八所港是著名的石碌铁矿、铁砂的专业输出港。海防是越南重要的海港、工业城市和海军基地，是越南首都河内的海上门户，是越南海军司令部所在地。鸿基是越南最大的煤炭基地，煤产量约占全国总产量的 3/4，品质优良的无烟煤通过鸿基港运往国外。著名风景区下龙湾就在鸿基附近。鸿基东侧 8 000 米处的河修港是越南北部沿海的重要海军基地。

北部湾是中国华南的海防前哨。涠洲岛曾被法国侵占过，1938 年日军占领后，曾将之作为进攻海南岛和轰炸中国大陆的前进基地。北部湾又是越南北部的海防前线，20 世纪 60 年代曾在此发生过“北部湾事件”。1964 年 8 月 2 日，美国驱逐舰“马多克斯”号侵入越南领海挑衅被赶出，美国政府就此宣传美国海军遭到“挑衅”。8 月 3 日，美国军舰继续在北部湾巡逻，并调集大批舰只到达越南北部沿岸。8 月 4 日，美政府又散布消息，说美军舰遭到越南第二次鱼雷艇袭击。8 月 5 日，美国总统约翰逊派出飞机连续轰炸义安、鸿基和清化等地，把侵越战火扩大到越南北方。1965 年 2 月美国对越南北方实施全面轰炸。1972 年，美国飞机轰炸越南北方，并以水雷封锁北部湾沿岸的港口。经过越南人民的顽强战斗和中国人民的无私支援，1973 年越南人民打败了美国侵略者。战后，中国又支援越南进行了北部湾港口航道的扫雷工作，恢复了北部湾的和平环境。

## 18. 泰国湾 Gulf of Thailand
## ——泰国、柬埔寨的海上门户

泰国湾东侧是越南南部西岸，东北侧是柬埔寨的全部海岸；北侧和西侧为泰国海岸，约占湾岸的2/3（见图10），因泰国旧名暹（xiān）罗，故曾名暹罗湾。湾口朝东南，以越南南端的金瓯角与泰国和马来西亚交界以东吉兰丹河口东侧的连线与南海分界（也有的以金瓯角与泰国北大年角连线为界）。海湾南北长约720千米，东西宽约480～560千米，面积约23.9万平方千米，为南海最大海湾。

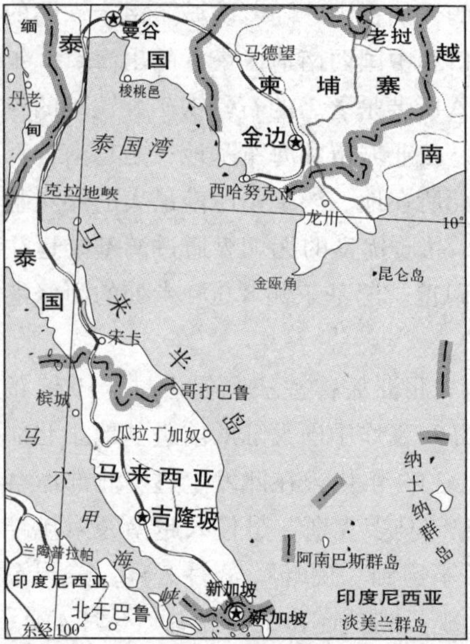


图10 泰国湾

泰国湾属巽他大陆架浅海，第三纪时断裂下陷而成。两岸有中生代花岗岩断块隆起，东侧是泰国的呵叻（Korat）高原和泰、柬沿岸的豆蔻山脉与海滨丘陵，西部为比劳克东山山脉和向南延伸的普吉山、銮山。注入海湾的最大河流是湄南河，长约1 200千米，是泰国最大的内河航运干线，流域是泰国的主要农业区。较大的河流还有那空猜西河、夜功河、南萨科河、北大年河，其他多为独流入海的短小江河。金瓯半岛则是湄公河三角洲的河网区。

海湾岸线长约2 600千米，湾顶曼谷湾和东岸湾口附近的金瓯半岛为沙岸，其余大都是岩岸。越南岸段林密、道少；越南迪石港至泰国梭桃邑港之间的东北岸沿岸多山地，岸线比较曲折，岸外有富国岛、库特岛、强岛、克兰岛等大小岛屿；曼谷湾北岸为湄南河三角洲海岸；

西岸也较曲折，但除中段岸外的沙梅岛、潘甘岛、道岛等岛屿外，其他岸段外没有大岛。湾底是第三纪以来的巨厚沉积，充填了断陷盆地，最厚达 7 500 米以上。湾底现代沉积多为泥沙。

海湾大部地区属热带季风气候，南端为赤道气候。年平均气温 26～28℃。11 月至翌年 1 月多东北风，月平均风力 4 级；5—9 月多西南风，月平均风力 3～4 级。局部地区有短暂的热带暴风雨。北部三面环山，地形闭塞，是南海最酷热的海区，干湿季节明显。5—10 月为雨季，雨季后各河流常泛滥成灾，大量淡水注入湾中；其余月份为旱季。曼谷年平均气温达 28.1℃，年降水量 1 400 毫米。南部气温略低于北部，终年多雨，10 月至翌年 1 月降雨略多，干湿季节不明显。哥打巴鲁年平均气温 26.7℃，年降水量达 3 147 毫米。

表层水温 4 月最高，约 30～31℃；1 月最低，约 27～28℃。表层盐度冬季为 30.5‰～32.5‰，夏季为 31.0‰～32.0‰。高温、低盐、高氧的表层海水常在湾的中部与外海水相遇而下沉，形成辐合带；相对低温、高盐、低氧的底层海水在局部地方上升，形成辐散带。受南海季风海流影响，湾内海流随季风而异，流速一般小于 0.1 节。西南季风期，湾内环流呈顺时针方向，但湾口呈逆时针方向；东北季风期，湾内仍呈顺时针方向，但湾的东部呈逆时针方向。海浪也随季风而异：11 月至翌年 1 月以东北浪为主，月平均波高为 0.5～0.9 米；3—8 月以偏南浪居多，月平均波高为 0.6～0.9 米。潮汐性质以不正规全日潮占优势，潮差小，一般 0.8 米，湾顶可达 4 米。涨潮潮流沿海岸进湾流向北，落潮流向南，流速约 1 节。

由于上升流掀起的海底营养盐类和河流带入海中的陆源物质有利于海洋浮游生物的繁殖生长，海区水产比较丰富。经济鱼类主要有羽鳃鲐、小公鱼、小沙丁鱼、圆鲹、鲱鱼、鲣鱼、马鲛、鲨鱼、鳐、鲼、鲻等；盛产对虾；贝类有牡蛎和珍珠贝；还有乌贼、蟹、海蜇、海参和海龟。沿海水产养殖业也比较发达。湾内有珊瑚礁，沿岸多红树林。湾内锡砂矿已经开采。

泰国湾内还有湾首的曼谷湾、东北岸的西哈努克市湾、西岸的沙威湾和万伦湾等优良海湾。曼谷湾首距湄南河口 30 千米的曼谷是泰国的

**海湾名片**

| 湾名 | 泰国湾 |
| --- | --- |
| 位置 | 南海西南部，深入中南半岛中南部 |
| 湾口宽 | 370千米 |
| 面积 | 23.9万平方千米 |
| 水深 | 平均45.5米，最深84米 |
| 气候 | 大部为热带季风气候，南端为赤道气候 |
| 水温 | 4月最高，约30～31℃；1月最低，约27～28℃ |
| 潮汐 | 不正规全日潮 |
| 潮差 | 一般0.8米，湾顶4米 |
| 资源 | 水产资源丰富，产锡砂 |
| 城市 | 曼谷 |
| 港口 | 泰国：曼谷港、宋卡港、北大年港、北汶浪港、万伦港<br>柬埔寨：西哈努克港、云壤港<br>越南：迪石港<br>曼谷港是该海域最大的港口，输出天然橡胶等战略物资 |
| 海军基地 | 泰国的梭桃邑、曼谷、宋卡，柬埔寨的西哈努克港和云壤 |

首都和经济、文化、交通中心。曼谷港是泰国最大海港，也是湾中最大港口。曼谷港的对外贸易约占全国对外贸易总额的4/5，是世界著名米市，还输出天然橡胶等战略物资，年货物吞吐量151万吨（2013年）。西哈努克市湾中的西哈努克港是柬埔寨的最大海港和对外贸易的咽喉，年集装箱运输量39万标箱（2015年）。其他海港还有泰国的宋卡、北大年、北汶浪、万伦，柬埔寨的云壤，越南的迪石等。梭桃邑是泰国最大的海军基地。曼谷是泰国海军基地，也是海军司令部所在地。宋卡也是泰国的海军基地。西哈努克港和云壤是柬埔寨的海军基地。

泰国湾是泰国、柬埔寨通往太平洋和印度洋的海运要道，也是列强入侵泰国和柬埔寨的重要路线。1664年荷兰海军封锁湄南河口，胁迫暹罗承认其皮毛贸易垄断权和治外法权。1893年7月法国借口一官吏被杀，把军舰驶入湄南河，并封锁该湾，迫使暹罗割地赔款。1941年1月法国和泰国军舰在昌岛附近发生海战。同年12月日本军队在该湾西南侧的宋卡和北大年等地登陆，入侵马来半岛。

泰国湾西侧沙威湾以西是马来半岛的最窄处，即著名的克拉地峡。地峡宽40～48千米，西岸是流入安达曼海的克拉武里河口。曾有人设想在克拉地峡上开凿运河，目的是缓解马六甲海峡繁忙的航运和堵船现象，并使泰国湾成为太平洋和印度洋之间的捷径航道。

## 19. 东京湾 Tokyo-wan
### ——日本最大经济区环绕的海湾

东京湾位于日本本州岛东南岸。南北长 140 千米，东西宽 20 ~ 30 千米，最窄处在观音崎至富津岬之间，约 7 千米。湾口的剑崎至洲崎一线宽 37 千米。海湾北部水深 10 ~ 30 米，南部航道深 30 ~ 80 米，南口浦贺水道深达 700 米（见图 11）。

东京湾附近为海洋性季风气候，夏季潮湿，冬季干燥。年降水量 1 700 毫米。潮汐类型为不正规半日潮，大潮升 1.7 米，小潮升 0.3 米。

注入东京湾的河流有：多摩川、隅田川、荒川、江户川、养老川、小柜川、小竺川、凑川等。湾北部周围港区相连，两岸形成所谓的京滨工业地带，即（东）京（横）滨经济区，主要港口有：东京港、横滨港、川崎港、横须贺港、千叶港、木更津港等。

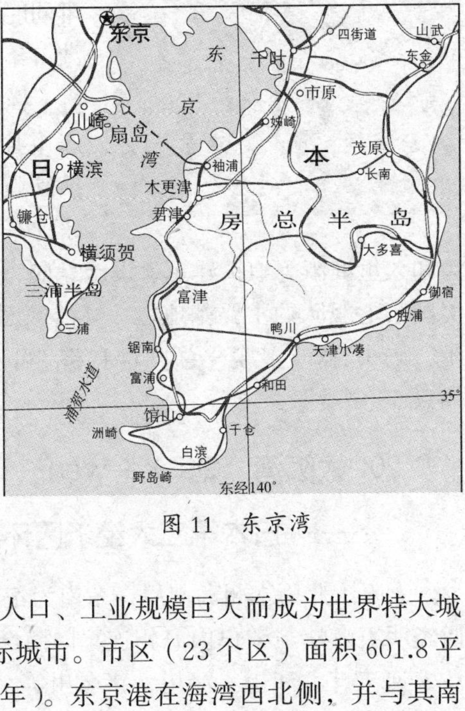


图 11 东京湾

东京是日本国首都。由于其人口、工业规模巨大而成为世界特大城市之一，也是著名的现代化国际城市。市区（23 个区）面积 601.8 平方千米，人口约 1329 万（2014 年）。东京港在海湾西北侧，并与其南方的川崎港、横滨港、横须贺港相接。东京港为军商两用港，国际集装箱枢纽港之一，包括栈桥在内的港口码头线总长 23.8 千米，2013 年完成集装箱吞吐量 488 万标箱。

千叶工业地带组成部分的千叶位于东京湾的东北岸，是日本仅次于神户的第二大港，年货物吞吐量达 1.54 亿吨（2013 年），曾列世界第四，是日本最大的原料输入港，输出汽车、钢铁和船舶。

海湾名片

| 湾名 | 东京湾 |
|---|---|
| 位置 | 日本本州岛东南岸 |
| 面积 | 约1100平方千米 |
| 水深 | 湾口深100米以上 |
| 气温 | 年平均15℃ |
| 潮汐 | 不正规半日潮 |
| 城市 | 东京、横滨 |
| 港口 | 千叶、横滨，两个亿吨大港 |
| 海军基地 | 横须贺，日本最大海军基地，也是美国第七舰队的主要基地之一 |

横滨位于东京南方，已与东京、川崎连为一体，是日本第二大城市（次于东京）、日本著名贸易港、重工业中心，人口355.9万（2004年）。海港水域面积75平方千米，大小泊位245个，水深5～10米，最大可靠泊5万吨级舰船。1970年建成的本牧码头长5 435米，可同时停靠26艘货轮和7艘集装箱船。港口年吞吐量1.19亿吨（2013年）。

横须贺位于湾口西侧三浦半岛，神奈川县东南部。人口45万（2006年）。横须贺港开发于1865年，1884年开始建立军港。第二次世界大战后，沿长浦湾和久里滨湾等地扩建军事设施，成为日本规模最大的海军基地，也是美国第七舰队的主要基地之一。港区面积约83平方千米，水深10～30米，码头有50多座，总长6千米，可停泊7万吨级航空母舰以下各种船只60多艘。

## 20. 大阪湾　Osaka-wan

### ——日本第二大经济区环绕的海湾

大阪湾北为本州岛南岸，东南为纪伊半岛西北岸，西为淡路岛；向西经明石海峡与濑户内海相连，向南经纪淡海峡和纪伊水道通太平洋。注入河流有大和川、淀川、猪名川等，沿岸有河流三角洲和大阪平原，间有海拔20米左右的台地和山地。属温带海洋性气候，气候温和，1月4.5℃，8月28℃；极端最高气温38.3℃，最低−7.7℃。年平均降水量约1 400毫米，集中在6—9月。

大阪湾是一个小海湾，但因沿岸有大阪、神户等重要城市和港口而成为日本的一个重要海湾。

大阪位于湾的东北岸，是日本第三大城市，市区人口300万。公元前2—6世纪，大阪就曾是日本的都城。1583年建成要塞，1868年辟为港口，1874年铁路通车，此后城市迅速发展。20世纪20年代，商业贸易和工业产值曾居全国第一。1926年后因东京发展更快，经济地位才退居全国第二。大阪湾沿海工业区主要是重工业和化工业，有造船、钢铁、车辆、机械、化学等大型工厂。周围有30多个卫星城市。大阪湾北岸有神户，人口约150万，工商业发达。沿岸其他城市还有西口的明石、南口的和歌山、东岸的堺（jiè），以及东北40千米处日本的故都和文化名城京都，形成日本著名的阪神工业地带，即（大）阪神（户）经济区——日本第二大经济中心。大阪是这一工业地带的核心。

**海湾名片**

| | |
|---|---|
| 湾名 | 大阪湾 |
| 位置 | 日本本州岛西南部 |
| 气温 | 年平均15.6℃ |
| 城市 | 大阪、神户、明石、和歌山、京都 |
| 港口 | 神户港，日本第一大港；大阪港，日本亿吨大港 |

大阪还是日本重要的水陆空交通枢纽，有10多条铁路通全国各地，有现代化国际机场。大阪港是世界著名大港，港口水域面积2 626万平方米，全港有227个码头泊位，水深10～12米，年吞吐量8 677万吨（2013年）。神户港是日本第一大港，为世界著名的集装箱港，年货物吞吐量8 835万吨（2013年）。

大阪湾地区历史上就是兵家必争之地。现在虽然未建军事基地，但因其在日本的重要经济地位，实际上是一个战略要地。

## 21. 佐世保湾　Sasebo-wan
## ——日本通向亚洲大陆的前进基地

佐世保湾是日本九州岛西北部海湾，位于朝鲜海峡东南岸，是东海、黄海和日本海的海上交通要冲，扼朝鲜海峡咽喉。海湾两侧少平坦地，多山丘。海湾深入陆地10千米，水域面积33.3平方千米。

海湾属温带海洋性气候。平均气温：1月5.5℃，8月27.5℃。极端最高气温38.3℃，极端最低气温－5℃。夏季多偏南风，冬季多偏北风，全年以北风最多。年降水量逾2 000毫米。6、7月为梅雨季节，7月降水最多，约350毫米。终年少雾。湾域潮汐为半日潮，涨潮流向

**海湾名片**

| | |
|---|---|
| 湾名 | 佐世保湾 |
| 位置 | 日本九州岛西北部 |
| 湾口宽 | 800米 |
| 面积 | 33.3平方千米 |
| 气候 | 温带海洋性气候 |
| 潮汐 | 半日潮 |
| 潮差 | 小潮差1米，最大2.9米 |
| 港口 | 佐世保港，是军民合用港 |
| 军事基地 | 佐世保港可停伯包括航空母舰在内的舰艇90余艘，美国第七舰队重要基地，日本海上自卫队佐世保地方队司令部驻此 |

湾内，落潮流向湾外，流速1～2节。

佐世保湾在历史上就是日本通向亚洲大陆的前进基地。1886年设海军镇守府，后迅速发展为军港。日本侵华战争和第二次世界大战期间，为日本对外扩张的重要基地，曾遭大规模轰炸。战后重建，向商业港口方向发展。

佐世保湾北岸有佐世保河注入，河两岸坐落有佐世保城，为日本著名的港口城市之一。佐世保工业以造船为主，机械制造和食品加工业发达。市郊盛产煤炭，湾内养殖珍珠。佐世保不仅是日本渔业基地之一，而且交通便利，是自然条件优越的旅游城市。

佐世保港为军民合用港。1945年美国海军进驻。1948年又定为贸易和储油港。朝鲜战争期间（1950—1953年）为美国海军的主要补给基地。1963年，美国在此修建导弹核潜艇停泊设施。1964年后常驻美国核动力航空母舰和战略导弹潜艇，是美国第七舰队重要基地。日本海上自卫队佐世保地方队司令部也驻此。

港口介于北松浦半岛、西彼杵半岛和针尾岛之间，周围山峦环抱，西侧岸线曲折，多港湾。港内及附近有高岛、弁天岛、黑岛、蛎浦岛及大岛等岛屿，为舰船隐蔽集结的天然良港。港区由佐世保湾和附近水域组成，海岸线总长150千米，码头岸线长约6.2千米，有50多座码头、70多个泊位，其中22座大型码头为美军和日本海上自卫队专用码头。港内大部分水深10～30米。港口至港内中央航道长4.6千米，宽约400～550米。86%水域供美军使用。

## 22. 中城湾 Nakagusuku-wan

### ——美丽的风光和刺目的军事设施并存的地方

中城湾地处东海东侧的琉球群岛中部，琉球群岛主岛冲绳岛的东南岸。到过冲绳岛的人都会为岛的美丽而动情：亚热带岛屿风光、婆娑的棕榈和多姿的槟榔、苍翠挺拔的琉球松、傲然屹立的木麻黄，更有那碧蓝的大海、恬静的村庄，伴随着浓郁乡土特色的歌舞。

然而，冲绳岛还有另一种风光：刺目的铁丝网，时而呼啸飞过的美军战斗机和急驶的军车。这里的军事基地使人感到世界的不平静。中城湾令人注目的是它的军事价值。

中城湾北隔虱坠半岛与金武湾为邻，两湾合称金武中城港，是第二次世界大战后美、日新建的军港。中城湾湾口北为连胜崎（角），南为知名崎。湾东西长 16 千米，南北宽 14 千米。周围陆地为起伏的丘陵地，海岸带平地狭窄。沿岸多珊瑚礁滩，湾内有水下珊瑚点滩。湾口有堡礁，较大岛屿有津坚岛、久高岛，两岛之间的水道称双口，为进出中城湾的安全航道，宽约 2.5 海里，水深 50 ~ 60 米。

海湾附近气候温暖湿润。1 月平均气温 16℃，7 月平均气温 28℃。终年多东北风，7—10 月为台风季节。年降水量 2 000 毫米左右，5、6 月和 8 月多雨，12 月至翌年 2 月降水量最小。湾内潮汐为不正规半日潮，大潮潮高 1.9 米，小潮潮高 1.6 米。

中城湾西侧陆地有飞机场，有公路环海湾延伸。湾内有胜连湾和与那原湾两个泊地，可容纳各类舰艇 300 多艘。港内有主要码头 10 余座，可靠泊 5 万吨级以下舰船。胜连湾东部的白滩海军基地供美军第七舰队使用，基地面积约 1.5 平方千米，建有地下油库和

**海湾名片**

| | |
|---|---|
| 湾名 | 中城湾 |
| 位置 | 日本琉球群岛中部，冲绳岛东南岸 |
| 面积 | 约230平方千米 |
| 水深 | 一般20~45米 |
| 气温 | 年平均22℃ |
| 潮汐 | 不正规半日潮 |
| 大潮差 | 大潮差1.9米，小潮差1.6米 |
| 军事基地 | 胜连湾东部的白滩海军基地供美军第七舰队使用，可停泊4万吨级舰船 |

核潜艇专用设施，可停泊 4 万吨级舰船。

## 23. 舍利霍夫湾 Zaliv Shelikhova
## ——太平洋潮差最大的海湾、世界最大的捕蟹场

舍利霍夫湾属俄罗斯西伯利亚海湾，因俄国商人探险家 G. I. 舍利霍夫探险而得名。

海湾略呈东北—西南走向。西北为西伯利亚海岸，东南是堪察加半岛，湾口面向西南。平均深度约 100～150 米，最深 495 米，由东北向西南倾斜。东南部堪察加半岛海岸较低平，多潟湖，但沿岸海底多岩石；其他海岸大部为崎岖多岩。东北部泰戈诺斯半岛将海湾分为吉日加湾（西）和品仁纳湾（东），有品仁纳河等河流注入。

海湾地处北纬 60°附近，属亚寒带大陆性气候，气候寒冷。平均气温：2 月 −20℃，8 月 12℃。年均降水量 400 毫米。表层水温：冬季 −1.8～2 ℃，夏季 4～15 ℃。10 月至翌年 6 月为结冰期，冰厚 0.8～1 米，融冰期多流冰，不利航行。4—8 月多雾，且时有浓雾。9—11 月多强风，冬季多暴风雪。盐度 32‰～33‰。透明度 15～25 米。

**海湾名片**

| | |
|---|---|
| 湾名 | 舍利霍夫湾 |
| 位置 | 太平洋西北部鄂霍次克海东北端 |
| 长 | 676千米 |
| 宽 | 最宽298千米 |
| 水深 | 平均100～150米 |
| 气候 | 亚寒带大陆性气候 |
| 水温 | 冬季−1.8～2℃,夏季4～15℃,10月至翌年6月为结冰期 |
| 潮差 | 最大为13.2米,属世界潮差最大海域之一 |
| 资源 | 渔业资源丰富,为世界最大捕蟹场 |
| 军事基地 | 马加丹，俄罗斯海空军基地 |

由于湾口较宽，约 200 千米，向湾顶变窄，尤其是品仁纳湾更为狭窄，宽仅 40～100 千米，越到湾顶越窄，且湾底也逐渐变浅，致使潮汐变化很大。此湾属世界潮差最大的海域之一，最大潮差达 13.2 米，流速 7.5 节，适合于建潮汐发电站。

舍利霍夫湾渔业资源丰富，有鲱、鲑、鳟等鱼类，且多海狗、海驴、海豹和白鲸。临堪察加半岛海域为世界最大的捕蟹场。

湾内缺乏港口。湾口外西侧的马

加丹是俄罗斯的海空军基地。其外港纳加耶夫建有潜艇基地，驻有专用破冰船队。

## 24. 彼得大帝湾 Zaliv Petra Velikogo
## ——国际公认的“历史性”海湾

彼得大帝湾在俄罗斯远东地区最南端，伸入俄罗斯远东滨海边疆地区。湾长约 89 千米，湾口宽 200 千米。属 1958 年日内瓦海洋会议通过的领海与毗连区公约承认的“历史性”海湾，即为俄罗斯的内水。

海湾顶部从东北向西南延伸有穆拉维耶夫—阿穆尔半岛，将该湾分割为两个支湾，西侧为阿穆尔湾，东侧为乌苏里湾。

海湾位于北纬 43° 附近，属温带季风气候。平均气温：1 月 −15℃，8 月 20℃。6—9 月为雨季，年降水量 690 毫米。东博斯弗尔海峡夏季有涌浪，多浓雾。每年 12 月至翌年 4 月海水结冰，冰厚不足 1 米，借助破冰船可维持全年通航。潮汐为半日潮，大潮升 0.52 米，小潮升 0.46 米。潮流微弱，平均流速 2 节，流向不定。

该地区原属中国领土。穆拉维耶夫—阿穆尔半岛顶端有一个金角湾，当地人称港湾为“崴子”，因盛产海参而将金角湾的港口称为海参崴。清朝时归吉林珲春协领管辖。咸丰十年（1860 年）沙俄以武力胁迫清政府签订中俄《北京条约》将其割占，改称符拉迪沃斯托克，意为“控制东方”。1872 年置军港，日俄战争（1904—1905 年）后，为俄远东主要海军基地。1903 年，直达莫斯科的西伯利亚大铁道建成通车，此后迅速成为远东大港。第一次世界大战中，用作协约国远东补给港。苏联十月革命成功不久，1918 年，日、英、美、法军由此登陆进行武装干涉。第二次世界大战期间，是苏联对日作战的重要基地。1957—1966 年，港口大规模扩建，从

**海湾名片**

| | |
|---|---|
| 湾名 | 彼得大帝湾 |
| 位置 | 北太平洋西部，日本海西北侧 |
| 湾口宽 | 200 千米 |
| 气候 | 温带季风气候 |
| 潮汐 | 半日潮 |
| 港口 | 符拉迪沃斯托克(海参崴)港，俄罗斯在太平洋沿岸最重要的海军基地，太平洋舰队司令部驻地 |

此外国舰船禁止入港，成为纯军港。外贸活动移至其东南 65 海里处的纳霍德卡港。1986 年开始，符拉迪沃斯托克（海参崴）已逐步对外开放。1991 年，苏联解体。1992 年 1 月 1 日起，俄罗斯为了发展经济又将其全面开放，从而成为军港兼国际商港。

符拉迪沃斯托克（海参崴）是俄滨海边疆区的首府，人口约 65 万，是俄远东战区的前哨和重要出海口，具有重要的战略地位。港区主要由穆拉维耶夫—阿穆尔半岛顶端的金角湾和半岛顶端外的俄罗斯岛沿岸港湾组成。金角湾长 7 千米，宽 1 千米，水域面积约 6 平方千米，水深 9~23 米。入口处宽 2 千米，水深 20~30 米。主要军港在湾的东北岸，西端为商港，是俄罗斯远东北方航线的终点和近海口岸的补给、转运港，年吞吐量 1 450 万吨（2013 年）。湾东部南岸为渔港，是俄远海捕鱼、捕鲸船队基地。城郊建有大型航空港，是俄西伯利亚及远东地区空运枢纽。

符拉迪沃斯托克（海参崴）是俄罗斯太平洋沿岸最重要的海军基地，现有各种重要军事设施数十处：俄边防军司令部、太平洋舰队司令部及其所属舰队航空兵司令部、作战舰艇部队驻地。军港内常停泊有航空母舰、巡洋舰及大型反潜舰。彼得大帝湾东侧离符拉迪沃斯托克（海参崴）约 93 千米的斯特列洛克湾也没有军港，为俄太平洋舰队的重要海军基地，驻有潜艇部队和航空母舰。两处军港隔彼得大帝湾，构成俄太平洋舰队舰艇部队的重要集结地。

湾口西南的波西耶特湾畔有波西耶特城。湾口外西侧图们江口是中国、俄罗斯和朝鲜三国接壤地区，附近的开发已得到联合国和中、俄、日、朝、蒙、韩等国的重视。计划中的东北亚铁路主干线，自俄罗斯的扎鲁比诺，经中国珲春、图们、长春，至蒙古乔巴山与亚欧大陆桥相接，与附近的海洋和航空运输线一起，被称为“东北亚国际运输走廊”，新的运输网络格局将推动整个东北亚的经济发展。湾口东侧的纳霍德卡港也因此快速发展，现年货物吞吐量已超过海参崴港，达到 1 840 万吨（2013 年）。

## 25. 金兰湾 Vinh Cam Ranh

### ——曾被法、日、美等国反复争夺的战略要地

金兰湾位于越南东南岸向南海突出部。湾口向东南，有平巴岛和昏祖岛等岛屿屏障。两岛与大陆之间水道很窄，其中平巴岛与大陆之间的水道称格列口，宽约 10～12 米，且两岸边有多处岩礁，大船通行困难。平巴岛和昏祖岛之间的水域宽广，叫格仑口，是入湾的主要航道，宽 4 千米，水深 23 米。湾东北是金兰半岛，西侧为中南半岛的陆岸。南侧有冲空山半岛向北伸入湾中，使海湾呈葫芦状。冲空山半岛北端梅棕角与金兰半岛西南端的格昏兰角之间称格黑口，宽仅 1 300 米，水深约 25 米。格黑口以南叫平巴湾，一般水深 10～22 米。平巴岛东侧、冲空山半岛东侧有较好的锚地。格黑口以北叫金兰湾，为内港。长 20 千米，最大宽度约 9 千米。北、西、西南岸边较浅，东南部及湾口附近较深。近岸有岛礁和浅滩，东岸有长约 1 320 米的浅滩，西北岸有珊瑚滩，宽约 1 千米。

**海湾名片**

| | |
|---|---|
| 湾名 | 金兰湾 |
| 位置 | 越南东南沿岸 |
| 面积 | 45平方千米 |
| 水深 | 20米 |
| 气候 | 炎热、雨水丰沛 |
| 潮汐 | 不正规日潮 |

内港分军港和商港两个区。军港位于东岸金兰镇，设有海军基地。港区水深 14 米，主码头 6 座，有大型仓库、油库、弹药库和造船厂。基地内有现代电子监测系统和通信设备。金兰镇北有空军基地。金兰半岛南端有通信中心。商港位于西岸巴巍，可停靠 4 000 吨级舰船。湾的中部是主要锚地。

海湾气候炎热，雨水丰沛。5—8 月平均最高气温 32.3℃，6 月极端最高气温 39.5℃，2 月极端最低气温 14.6℃。3—10 月多东和东南风，11 月至翌年 2 月多北和西北风。8—11 月时有大风并伴有暴雨，年平均降水量 1 446 毫米。9—12 月为雨季。潮汐属不正规日潮。平均高潮潮高 1.71 米，平均低潮潮高 0.7 米。回归潮平均高潮潮高 2.16 米，平均低潮潮高 0.15 米。涨潮流向内，落潮流向外，流速小于 0.5 节，湾口处大潮流速小于 1 节。

金兰湾地处东南亚中部，位于马六甲海峡与巴士海峡海上交通要

冲，日本石油“生命线”西侧，历为战略要地。1886年被法国殖民主义者占领。1935年，法国在内港建潜艇基地。1940年被日本侵占，以此作为侵略东南亚各地的重要海军基地。1945—1954年，法国再度占领。自1965年始，美国在金兰半岛增建空军基地和通信中心。1976年，越南统一后收回该基地。1979年开始，苏联将此基地作为其太平洋舰队的补给基地和中转站。1991年苏联解体后，苏、越关系改变，美军将菲律宾的克拉克空军基地和苏比克湾海军基地归还菲律宾，金兰湾的军事地位下降，俄开始撤军。越南因为经济建设的需要，将其改建成海运良港，但仍驻有舰艇部队。

## 26. 马尼拉湾 Manila Bay

### ——通商、海防重地，兵家必争之湾

马尼拉湾位于菲律宾吕宋岛西南岸，略呈东北—西南向延伸，长约55千米，口窄腹大，成布袋形（见图12）。湾口在科契诺斯角和卡隆潘角之间，湾底最宽处亦达55千米。湾口面向南海，湾口中间有科雷希多岛等岛屿把湾口分为南北两条水道。湾的西侧及湾口南侧为树木繁茂的山地，海岸平原地带狭窄，岸边陡深。湾的北侧和东侧多河流入海，地形低平，岸边浅滩外延较远，10米等深线距岸5~10千米。湾内水深一般在10~47米，海底从北、东岸向湾口倾斜。湾口北水道深25~47米，最深69米；南水道大部水深30~45米，最深49米。泥质海底，适于各种舰船航行、

图12　马尼拉湾、苏比克湾

锚泊。湾中除湾口和河口有少量岛屿外，其他地区无岛屿。湾内无礁石，但东部多沉船。湾口北水道也有几艘沉船。南水道无碍航物。

湾域 3—4 月为高温干燥季节，6—10 月为高温多雨季节，11 月至翌年 3 月为低温干燥季节。最高气温 37.8℃，最低 14.4℃。5—12 月为台风季节。该湾不是避风的锚地。年降水量 2 083 毫米，6—10 月为雨季。潮汐类型为全日潮，潮差 1 米。潮流微弱，其中北水道较强，6 月份可达 1.5 节。

湾内海港城市有马尼拉、马卡蒂、甲米地、马拉邦、马洛洛斯等。马尼拉是菲律宾的首都和最大城市，是亚洲的重要旅游中心之一。市区风景秀丽，多名胜古迹。马尼拉港是菲律宾最大的军、商港。港域开阔、水深，是东南亚天然良港之一。货运量占全国进口货物的 80%，出口货物的 30%，年货物吞吐量 4 506 万吨（2013 年）。港区位于湾的东岸，分北、南两港区。北港为商、渔港，南港为外贸港和军港。港池由防波堤围成，水域面积约 8.8 平方千米，水深 2.4～10 米。主要码头 15 座，可泊万吨级舰船 20 余艘和近海航行船只 40 余艘，其中 5 座（26 个泊位）可靠万吨级舰船，最大可泊 4.2 万吨级舰船。南北港之间建有国际集装箱码头，长 920 米，有 3 个深水泊位，有修船厂 4 座、干船坞 9 个，最大可修 1.8 万吨级舰船。马尼拉港西南 16 千米处为甲米地海军基地，基地码头总长为 2 千米，前沿水深 4～6 米，北部桑莱岬有修船厂、海军医院、海军学校和海军训练中心，附近水域有海军水上飞机场。

马尼拉湾历史上就是通商、海防重地，也是兵家必争之地。16 世纪起，马尼拉湾就成为外国军舰和商船往来场所。1785 年，西班牙人在甲米地和巴丹半岛上设置重炮，在湾口科雷希多岛上修建船坞和医院，设重兵防守。19 世纪末，在美西战争期间曾暴发马尼拉湾战役。1893 年 5 月 1 日，美国从香港出发的海军亚洲舰队进入马尼拉湾，未被西班牙炮火击中，而美舰逐步接近西舰，依次对其炮击，所有西舰均被击中起火或搁浅，美军占领了甲米地基地。美国人又在科雷希多岛上修建了医院、学校、兵营、军官住宅和生活设施，并筑成了坚固的炮台、炮兵阵地，还挖了一条282米长、7.6米宽的地道，作为作战物资仓库。1941年，日本侵略者进攻吕宋岛，在圣诞节向科雷希多岛发动空袭，连续轰炸9天。1942年2月5日起，日军从东南方向炮击该岛。4月9日，巴丹失守，日军炮火在巴丹和甲米地交叉轰击，岛上缺粮少配给，5月2日，日军炮火摧毁美炮兵阵地，5月4日又向岛上发射了1.6万发炮弹，5月5日，日军登陆，美军投降。此后，马尼拉湾成为日军侵略东南亚其他地区的基地。1944年，美军重返菲律宾，直达马尼拉湾。1945年1月23日，美轰炸机向科雷希多岛发动空袭，1个月内便倾泻了3 128吨炸弹。2月16日，美空降兵占领岛上制高点，登陆部队登上海滩，经过激战，日伤兵集体自杀，美军炸塌坑道口，把拒不投降的日军封锁在里面，除26人生俘外，其余6 000人几乎全部战死。1947年，美国向菲律宾政府租借了甲米地，甲米地成了美军在太平洋西部的主要前进基地之一。战后，由菲律宾和美国两国海军共同使用。20世纪50年代又移交给菲律宾海军，现为菲律宾主要海军基地和供应装备司令部驻地。

**海湾名片**

| | |
|---|---|
| 湾名 | 马尼拉湾 |
| 位置 | 菲律宾吕宋岛西南岸 |
| 湾口宽 | 最窄处18千米 |
| 水深 | 一般10~47米 |
| 潮汐 | 全日潮 |
| 潮差 | 1米 |
| 港口 | 马尼拉港 |
| 海军基地 | 甲米地 |

## 27. 苏比克湾　Subic Bay
### ——菲律宾著名的海军基地

苏比克湾位于菲律宾吕宋岛西南岸、巴丹半岛西侧，西临浩瀚南海，距我国海南岛南端的海上航程660海里，东距马尼拉80千米。湾东北沿海城镇有奥隆阿波、苏比克（见图12）。

湾口界限为桑帕洛克角与马亚加奥角一线，宽约9千米。湾南北长约18千米，宽12千米。大部分水域深于30米，最深处53米，多为泥质海底。海湾三面环山，地形隐蔽，水域开阔。湾口被格兰德岛（又译：格朗德岛）分为东西两条水道，西水道宽240米，水深30 ~ 40米，是出入港的主要航道；东水道为小船通道，宽 100 多米，水深在 3 米以上的航道仅宽 30～40 米，附近设有水上飞机场。

湾附近气候湿热。年降水量 3 800 毫米，全年平均雨日 126 天，7—9 月为雨季，月降水量多于 700 毫米，1—3 月为旱季，降水极少。10 月至翌年 2 月多东北风，3—4 月多东风，其他月份为东南、西南风，年平均风力 2 级左右。5—12 月为台风季节，受来自西太平洋及南海台风的影响，最大风力在 12 级以上。

苏比克湾曾以其军事地位闻名于世。湾内的苏比克海军基地历史悠久。1565 年起，是西班亚殖民者的军港。1898 年美西战争后被美占据，辟为海军基地。1942 年，日军占领苏比克海军基地。1947 年，美、菲两国政府签订协定，基地租借给美国至 1991 年。经美军大规模扩建，成为美海外最大的海军基地，主要供第七舰队使用。湾内有军用锚位 80 多个，可停泊 7 万吨级航空母舰 2 艘，其他舰船 200 艘。在湾顶东北方向 50 千米处，是克拉克空军基地。1992 年 11 月 24 日，苏比克海军基地由菲律宾政府收回。

**海湾名片**

| | |
|---|---|
| 湾名 | 苏比克湾 |
| 位置 | 菲律宾吕宋岛西南岸 |
| 湾口宽 | 9千米 |
| 水深 | 大部深于30米 |
| 气温 | 年平均26℃ |
| 潮汐 | 全日潮 |
| 潮差 | 最大1.8米 |
| 海军基地 | 苏比克 |

## 28. 巴布亚湾　Gulf of Papua

### ——南太平洋至北印度洋与东亚至大洋洲十字路口的海湾

巴布亚湾是太平洋西南部珊瑚海海湾，位于新几内亚岛东南岸。海湾有众多河流注入，多数比较短小，最大的是弗莱河，长达 1 000 多千米，注入湾的西部。西部和西北部河口附近地势平坦，多沼泽地，东部海岸地势较高，山地直逼海岸。

海湾地处南纬 8° 附近，属热带雨林气候，终年高温炎热。年平均气温最高 33℃，最低 22℃。5—10 月为旱季，12 月至翌年 3 月为雨季。年降水量 1 100 多毫米。

**海湾名片**

| | |
|---|---|
| 湾名 | 巴布亚湾 |
| 位置 | 太平洋西南部，珊瑚海西北部 |
| 长 | 东西长362千米 |
| 宽 | 南北宽152千米 |
| 气候 | 热带雨林气候 |
| 港口 | 莫尔兹比港，巴布亚新几内亚首都和最大城市，海空军基地 |

巴布亚湾东南连珊瑚海，通太平洋，西南接托雷斯海峡，向西通阿拉弗拉海，再往西过帝汶海通印度洋，是南太平洋各地到北印度洋各地的捷径，又处在东亚、北美通往澳大利亚的海空交通线上，战略地位十分重要。

海湾东岸的莫尔兹比港是巴布亚新几内亚的首都，最大港市，海空军基地。市区工业有造船、纺织、电力等部门。交通以海空运输为主。近郊有杰克逊国际机场，有定期海空航线联系悉尼等地。港口在费尔法克斯湾内，港阔水深，有自然的防风屏障，是天然良港。大小码头泊位有19个，其中“T”形突堤码头长213米，水深7.6米，有2个泊位供远洋船舶停靠。年集装箱吞吐量为2.38万标准箱（2005年）。军港内现驻有巡逻艇和两栖部队司令部。

## 29. 卡奔塔利亚湾 Gulf of Carpentaria
## ——开发历史短暂的海湾、澳大利亚最大的海湾

卡奔塔利亚湾是阿拉弗拉海的一个浅水海湾。东、南、西三面环陆，北面是湾口（见图13）。东是约克角半岛，南临巴克利高原，西为阿纳姆地，北面敞开的湾口以西北端的阿纳姆角与约克角半岛北端的斯莱德角连线为界。海湾隔阿拉弗拉海与新几内亚岛相望，东北经托雷斯海峡通珊瑚海，北经阿拉弗拉海与印度尼西亚诸岛间海相连，西经帝汶海通印度洋。

卡奔塔利亚湾1606年为塔斯曼所发现，1623年以荷属东印度总督皮埃特·卡奔特（Pieter—Carpentier）将军的姓氏命名。

湾的外形像一个横卧的梯形，两个斜边（南岸长及湾口）宽约600千米；上底（即西岸）长约330千米，下底（即东岸）长约740千米。

海岸是下沉的低平岸，东、南岸比较平直，西岸比较曲折。西、南

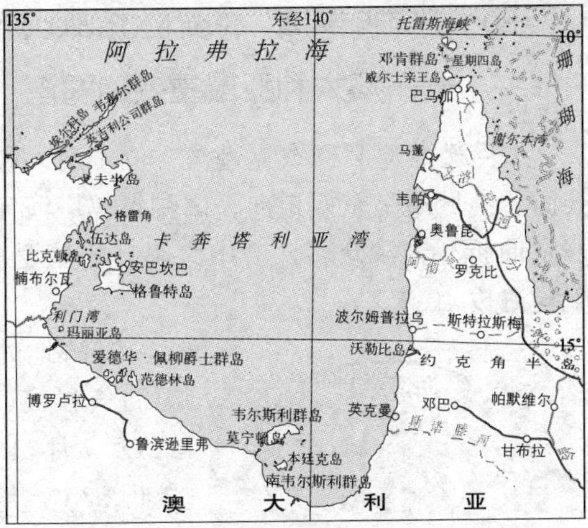


图 13　卡奔塔利亚湾

岸边有岛屿分布，以西岸的格鲁特岛和南岸的韦尔斯利群岛最大。汇入海湾的河流约有 20 条，但都比较短小。最大的是流经卡奔塔利亚平原、注入东南部湾首的吉尔伯特河与弗林德斯河。海湾底部是澳大利亚大陆架，大部海域水浅，海底坡度很小，平均深度约 50 米，东北部最深处也只有 70 米。

海湾位于南回归线以北，属热带气候。冬春两季（6—11 月）降水稀少，夏秋两季（12 月至翌年 5 月）受海洋暖湿气流影响，雨水较多。平均气温最高（1 月）约 29℃，最低（7 月）约 24℃。湾中海水因来源不同而使各海区各具特征。北部的海水从新几内亚海岸外流入，盐度较低；东北部从珊瑚海通过托雷斯海峡流入，盐度较高；西北部从班达海流入，盐度中等。

卡奔塔利亚湾虽然也属世界较大的海湾之一，但一直不被人们注意。沿岸缺少港口。自从 20 世纪 60 年代、70 年代早期开发铝、锰和对虾资源后，引起外界重视。湾底有厚达 10 米的铝土矿层，其上覆盖着砂石层和绿色海泥。20 世纪 70 年代初，捕捞对虾业日益发展。从此大陆沿岸交通运输和通信设备有所改进，居民也不断增加，海湾展示了良好的开发前景。

**海湾名片**

| | |
|---|---|
| 湾名 | 卡奔塔利亚湾 |
| 位置 | 澳大利亚北岸 |
| 湾口宽 | 600千米 |
| 面积 | 69.9万平方千米 |
| 水深 | 平均50米 |
| 资源 | 锰和铝土矿，对虾 |

## 30. 杰克逊港湾 Port Jackson
### ——澳大利亚最重要的海湾

杰克逊港湾又称杰克逊湾，位于澳大利亚东南岸，湾口面向塔斯曼海。湾域略呈东西走向，因帕拉玛塔河河谷被海水淹没而成。湾岸非常曲折，港汊众多，湾中大小岛屿星罗棋布。两岸地势起伏不平，平均海拔 42 米。

**海湾名片**

| | |
|---|---|
| 湾名 | 杰克逊港湾 |
| 位置 | 澳大利亚东南岸 |
| 长 | 19千米 |
| 宽 | 平均3千米 |
| 水深 | 9~47米 |
| 城市 | 悉尼，澳大利亚最大城市 |
| 港口 | 悉尼港，澳大利亚最大港口，年吞吐量3 600万吨以上 |

海湾地处南纬 33° 55′，属亚热带湿润气候，四季温和。平均气温：1 月 22℃，7 月 11.8℃。极端最高气温 46.5℃，最低 2.2℃。年平均降水量 1 205 毫米，季节分配均匀。水域潮差小于 2 米。

200 多年前，海湾原为土著民族生息之地。1788 年 1 月，英国遣送第一批流放犯在此登陆，建立第一个殖民据点，并以当时的英国内务大臣 T. 悉尼勋爵的姓氏命名为“悉尼”。19 世纪 30—40 年代起农牧业兴盛，商业日臻繁荣。1855 年铁路开通，1932 年海港大桥建成，城市迅速发展。第二次世界大战期间和战后，工业迅速发展，悉尼成为全国最大的工商业城市和金融、经济、文化中心。其铁路北通纽卡斯尔、布里斯班等东岸各地，南达首都堪培拉和墨尔本等城市，西至阿德莱德、珀斯等西南部地区，是全国重要的交通枢纽。

悉尼大桥

湾域悉尼港大桥以东，是一天然良港，现已成为悉尼港的主体部分。湾内有东、西两条航道，水深分别为 12.2 米和 13.7 米。码头岸线长达 20 多千米，最大水深 13.4 米。港区设备优良，与世界近 200 个国家和地区有贸易往来。年货物吞吐量 3 600 万吨以上。

悉尼城市依杰克逊港湾两岸而建，有多座桥梁将南北市区相连。悉尼城市和悉尼港使杰克逊港湾成为澳大利亚最重要的海湾。同时，因湾域建有海军基地而使杰克逊港湾具有重要的战略地位。海军基地位于海港大桥东侧南岸沃洛基洛湾，驻此海军可控制澳大利亚东南沿海的交通线，现为澳大利亚海军海运司令部驻地，还驻有潜艇、驱逐舰、护卫舰和登陆舰。

## 31. 阿拉斯加湾　Gulf of Alaska

### ——美国重要的海上石油运输通道、众多火山环绕的海湾

阿拉斯加湾是太平洋北部的一个开阔海湾，位于美国阿拉斯加州的南侧。宽阔的湾口与太平洋相连，其分界线是：西侧阿拉斯加半岛西南端的卡布奇角先向南、后向东北与东侧亚历山大群岛以北、大陆岸线上的斯潘塞角的连线，包进临近阿拉斯加半岛的群岛。口宽达 2 200 千米，纵深只有 325 千米。经过湾的西侧阿拉斯加半岛和阿留申群岛之间的海峡通白令海（见图 14）。

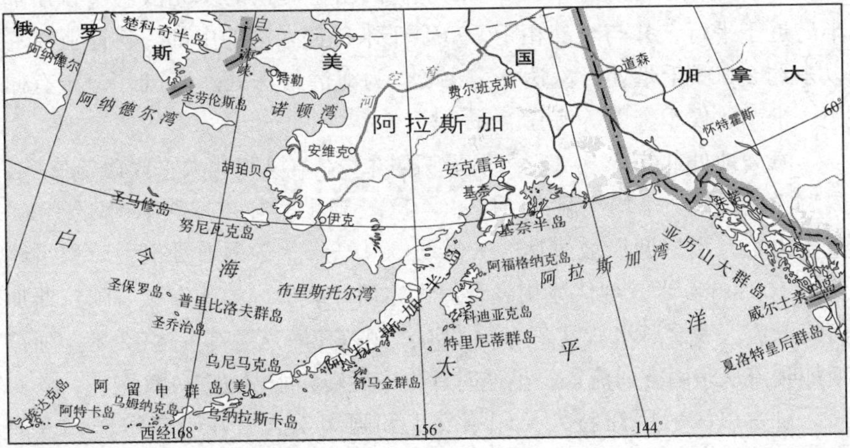


图 14　阿拉斯加湾

海湾名片

| | |
|---|---|
| 湾名 | 阿拉斯加湾 |
| 位置 | 太平洋北端 |
| 湾口宽 | 2 200千米 |
| 面积 | 132.7万平方千米 |
| 水深 | 平均2 431米 |
| 气候 | 海洋性气候 |
| 水温 | 冬季低于0℃,夏季高达12℃ |
| 资源 | 湾内有金矿,北部库克湾有石油 |

环绕阿拉斯加湾的山地由南北两条弧形山脉构成。北弧以阿拉斯加山脉为主干，山势高峻陡峭，海拔3千米以上，中段至麦金利山，高达6 193米，为北美洲最高峰，向西是阿拉斯加半岛上的阿留申山脉，向海延伸为阿留申群岛；南弧楚科奇山脉与海岸平行，海拔2千米以上。附近地震频繁，是环太平洋火山地震带的组成部分。自西向东有希沙尔丁火山、卡特迈火山、伊利亚姆纳火山、桑福德火山等。其中阿拉斯加半岛根部附近的卡特迈火山1912年6月曾经大爆发，至今其附近24平方千米范围内，仍然终年笼罩着蒸汽和火山烟，被称为“万烟谷”。海岸陡峻而曲折，岸边多峡湾和其他小海湾，主要有：库克湾、威廉王子湾、亚库塔特湾等。海湾无大河注入，主要有苏西特纳河和科珀河。

阿拉斯加湾是一个深水海湾。平均水深2 431米。湾北大陆架宽约100千米，西南最宽达200千米以上。阿留申海沟的东北段与阿拉斯加半岛近于平行，并与半岛相距200余千米，伸入湾的中部。科迪亚克岛以东约2 000千米处，深达5 659米，为海湾最深处。湾口外分布有佩顿、米勒、侯季金斯等海丘。

海湾地处北纬55°~61°的高纬地区，受西风和北太平洋暖流影响，属海洋性气候。平均气温：1月 −8~0℃，7月8~12℃。年降水量1 000毫米以上，沿岸迎风坡多达3 000~5 000毫米。冬季雪量很大。积雪线低达400~600米，现代冰川发育。大冰川碎裂形成的冰山顺着阿拉斯加海流漂流。表层海水盐度32‰~33‰。潮差在库克湾首可达12米。阿拉斯加暖流从东南方向流入，呈逆时针方向旋转，水温超过4℃。

自古以来，因纽特人、印第安人和阿留申人就在沿岸定居，以渔业为生。1741年丹麦人维他斯·白令为俄国人探险，首先进入阿拉斯加湾沿岸。1784年俄国人在科迪亚克岛建立了第一个定居点。1867

年俄国将整个阿拉斯加地区卖给美国。20世纪以来，美国在附近建立军事基地，50年代在库克湾首先发现石油，70年代发现阿拉斯加北岸油田，尤其是普拉德霍湾油田成为美国最大油田和世界特大油田之一。湾内有磁铁矿和溺河谷中的金矿。沿岸渔场盛产鲑鱼、鲭鱼、大比目鱼、大马哈鱼、鳟、鲽、鳕、螃蟹和虾等。其中鲑鱼约占渔获量的一半以上，居美国首位。另外还出产海獭、蓝狐、红狐、黑貂、银鼠等珍贵毛皮兽。

海湾东端峡湾深处的朱诺是州首府所在地，为不冻港。库克湾北部的安克雷奇也是不冻港，设有石油管理中心，还是阿拉斯加的最大城市和经济中心、北美洲与亚洲远东地区航空走廊的中继站，建有庞大的军事基地。安克雷奇以南约140千米处的苏厄德是阿拉斯加公路的起点，也是沿岸的重要港口；其他港口还有科尔多瓦和奇尔库特港。湾西端的科迪亚克岛上建有海军基地，埃尔门多夫有空军基地。阿拉斯加湾及其南部、东南部水域是连接美国本土和阿拉斯加的海上走廊。由于阿拉斯加州已成为美国第二大产油州，这个走廊就成了重要的海上石油运输通道。1986年被美国海军宣布为要控制的全球16个海上航道咽喉之一。

## 32. 加利福尼亚湾　G.de California
## ——有众多海盆的海湾

加利福尼亚湾是太平洋东部的一个狭长海湾，位于墨西哥大陆海岸和下加利福尼亚半岛之间，略呈西北—东南走向，长约1 126米，宽48～241千米，各地不等（见图15）。南口以下加利福尼亚半岛南端的圣卢卡斯角和墨西哥大陆海岸的皮亚克斯特拉角的连线为界接太平洋。平均水深818米，最深3 280米。容积14.5万立方千米。

根据考察研究证明，约2 500万年

**海湾名片**

| | |
|---|---|
| 湾名 | 加利福尼亚湾 |
| 位置 | 太平洋东部 |
| 长 | 1 126千米 |
| 宽 | 平均150千米 |
| 面积 | 17.7万平方千米 |
| 水深 | 平均818米 |
| 气候 | 地处亚热带，气候温和 |
| 水温 | 夏季30℃，冬季16℃ |
| 资源 | 海洋鱼类资源丰富 |

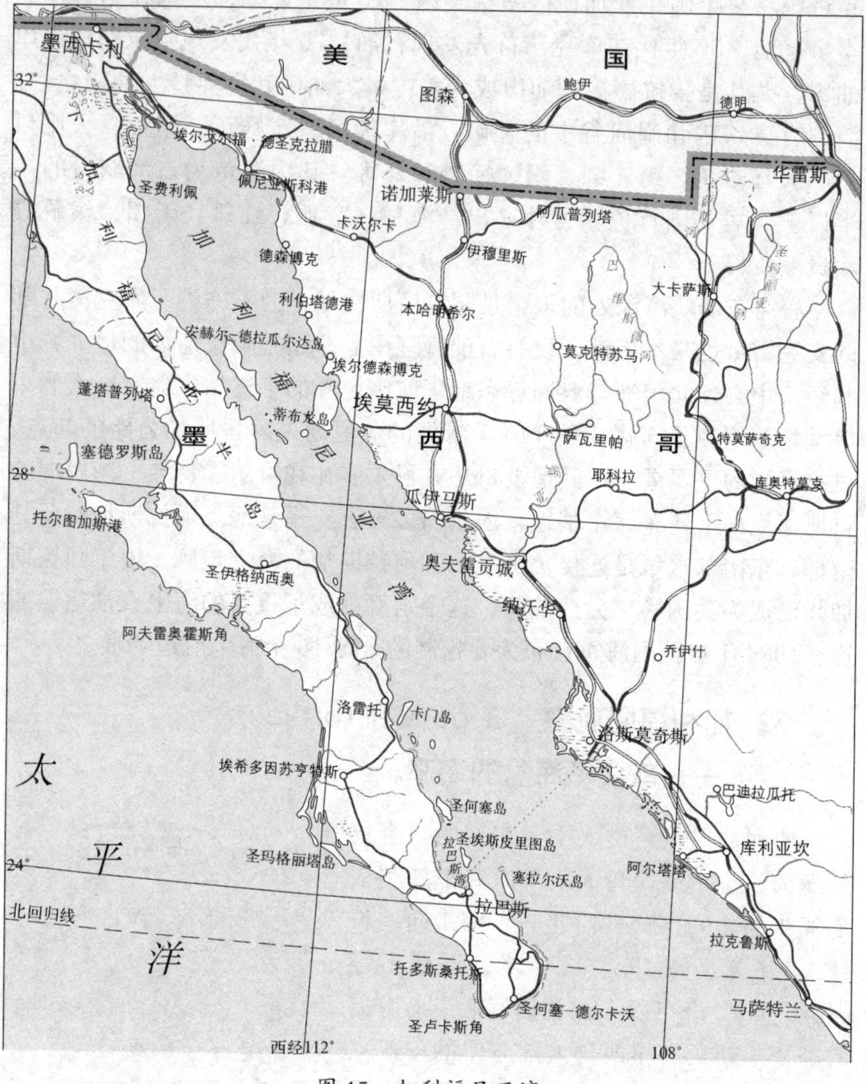


图 15　加利福尼亚湾

前，下加利福尼亚半岛与墨西哥大陆相连。到 300 万年前，半岛开始向西北移动（这种移动现在仍在进行），开始出现加利福尼亚湾。半岛从大陆离开产生的裂隙内，填有熔岩。这个裂隙带与现在湾底的海盆走向一致，从北到南有德尔芬海盆、萨尔西普埃德斯海盆、蒂布隆海盆、圣佩德罗马蒂尔海盆、瓜伊马斯海盆、卡门海盆、法拉伦海盆、拉巴斯海盆、佩斯卡德罗海盆和马萨特兰海盆等。

海湾东岸陆地是沿海岸延伸的西马德雷山脉，阻碍了墨西哥内地与岸边的交通；西岸半岛上的山脉是北美海岸山脉的延伸，大部分为500~1 500米的山地，地势北高南低，北部恩坎塔达峰高达3 078米。多火山。两岸有狭窄的平原。东北岸有多条河流注入。北部注入湾首的科罗拉多河发源于美国中西部，河口附近的索耳顿湖原是海湾的一部分，因科罗拉多河的泥沙冲积，被隔成盐湖。东岸注入的较大河流有索诺拉河、亚基河、费尔特河、锡那罗亚河和马约河等。

湾中多火山岛。中部靠北有蒂布龙岛和安赫尔—德拉瓜尔达岛，将海湾分成南北两部分。两部分之间水域狭窄，有波涛汹涌的海潮，形成险恶的萨尔西普埃德斯区，不利航行。北部较浅，水深不超过183米；南部较深，最深达3 280米。半岛沿岸有卡门、圣何塞、塞拉尔沃等岛。湾口外陆侧还有特雷斯—马里亚斯群岛，外侧还有雷维亚希赫多群岛，是湾口外的屏障。

北回归线从湾口附近通过。地处亚热带，气候温和。冬季和初春虽有冷空气南下，但很少有霜雪天气。湾的北部和半岛东岸，年平均降水量不足100毫米。湾的南部东岸，由于西南气流受西马德雷山脉阻挡，年平均降水量可达1 000毫米。表层水温，夏季为30℃，冬季为16℃。湾内海水环流主要受盛行风的控制。冬季风从北来，使表层海水往外流，而富营养盐类的太平洋水从深层流入作为补偿；夏季转为南风，表层水从太平洋流入，使湾内深层水往外流。

由于水温适宜，营养盐类丰富，海洋生物生长旺盛，鱼类种群很多。

湾内主要港口有：瓜伊马斯、拉巴斯，以及圣罗萨利亚、利贝塔德港和基诺港等。

## 33. 巴拿马湾 B.de Panama
### ——巴拿马运河的南口门户

巴拿马湾是太平洋东岸中部的一个小海湾。北岸是中美洲巴拿马地峡，南接太平洋。湾顶有沟通太平洋和大西洋的巴拿马运河，使其具有重要的战略地位。

**海湾名片**

| | |
|---|---|
| 湾名 | 巴拿马湾 |
| 位置 | 太平洋东岸中部 |
| 长 | 约300千米 |
| 宽 | 约160千米 |
| 气候 | 热带气候 |
| 城市 | 巴拿马城，是巴拿马首都和最大城市 |
| 军事基地 | 克莱顿堡和阿马多堡曾是美军基地，罗得曼是巴拿马海军基地，霍华德和阿尔布鲁克是空军基地 |

沿湾除东侧的萨波山直逼海岸外，其余均为平原海岸。注入的河流都很短小，较大的有湾东的丘库纳克河和图伊拉河在埃尔雷亚尔汇合后西流入湾。湾的中东部多岛屿，较大的有雷伊岛、圣何塞岛和珍珠群岛。珍珠群岛是巴拿马重要的渔场。

北纬 8° 纬线横穿湾的中部。海湾属热带气候。年平均气温 27 ℃。5—12 月是雨季，年平均降水量 2 000～3 700 毫米。

沿岸及运河南口附近多重要城镇和军事要地。湾顶的巴拿马城扼巴拿马运河南口，是巴拿马最大城市、首都和重要国际金融中心。巴拿马城对岸的巴尔博亚，是巴拿马的重要海港和海军基地。1999 年美军撤离、巴拿马政府收回运河区主权前，运河口附近的克莱顿堡是美军南方总部陆军司令部所在地，阿马多堡是美军南方总部海军司令部所在地。

# 二、印度洋属湾

与其他大洋相比，印度洋的海岸线比较平直，岛屿不多，海湾较少，且主要集中在北部和东部。印度洋属湾中 10 个人类开发较充分的海湾是：孟加拉湾、阿曼湾、波斯湾、亚丁湾、苏伊士湾、亚喀巴湾、大澳大利亚湾、科克本湾、菲利普港湾和马普托湾。

## 1. 孟加拉湾 Bay of Bengal
## ——世界上最大的海湾、潮灾最严重的海湾

孟加拉湾是世界上最大的海湾，位于印度洋东北部（见图16）。西和西北是印度半岛和斯里兰卡岛；西南经印度半岛和斯里兰卡岛之间的保克海峡通拉克沙群岛海；东北是中南半岛；东以布勒尤岛经尼科巴群岛和安达曼群岛的西缘至缅甸的内格雷斯角的连线接安达曼海；南为宽敞的湾口，以斯里兰卡南端的栋德勒角与印度尼西亚苏门答腊岛西北端的布勒尤角的连线为界，接印度洋，口宽1 600余千米。南北纵深约1 800千米。面积约217.2万平方千米，约相当于两个日本海。最大深度5 258米，总容积为561.6万立方千米。

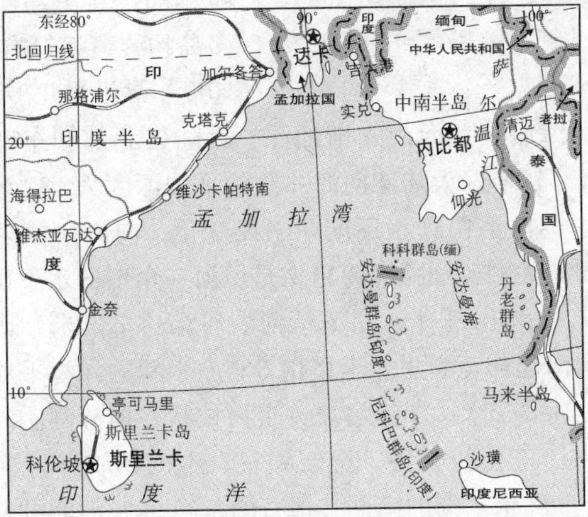

图16 孟加拉湾

孟加拉湾是大陆海岸的开阔凹进部位形成的海湾。它与隔印度半岛相邻的阿拉伯海相比，在外形和海洋地理特征方面十分相似，实际上都是印度洋北部的边缘海。海域沿岸多丘陵，内陆多高山，北部有恒河三角洲。注入的河流主要是恒河和布拉马普特拉河。恒河自西向东、布拉

**海湾名片**

| | |
|---|---|
| 湾名 | 孟加拉湾 |
| 位置 | 印度洋东北部 |
| 湾口宽 | 1 600多千米 |
| 水深 | 平均2 586米 |
| 气温 | 1月平均26℃，7月平均28℃ |
| 资源 | 红树林、珍珠、石油、锰矿砂、钛和锆、金红石，海区经济鱼类有120多种 |
| 环境 | 热带气旋多发地区，每年平均5～6次，约占全球的10%；湾首地势低平，风暴潮来临，极易形成重灾 |
| 城市 | 孟加拉国的达卡(首都)、吉大港，印度的加尔各答、克塔克、维沙卡帕特南 |
| 港口 | 吉大港、加尔各答、维沙卡帕特南 |

马普特拉河自东向西，横贯印度北部，是古代印度文化的发祥地。恒河长2 580千米，支流众多，水量充沛，流量仅次于亚马孙河和刚果河，居世界第3位，被称为印度的“圣河”。布拉马普特拉河上游为中国境内的雅鲁藏布江，全长2 900米。两河在孟加拉国首都达卡以西约70千米处汇合，向南注入孟加拉湾，形成世界上最大的河流三角洲——恒河三角洲。湾内在缅甸沿岸有巴荣嘎群岛、兰里岛、曼昂岛等众多岛屿，恒河口有许多冲积岛，印度半岛沿岸几乎没有岛屿。

孟加拉湾海底从北向南逐渐加深。大陆架北部和东部较宽，宽约160千米，南部较窄。大陆架向海一侧的平均深度为183米。大陆架物质组成自海岸向海湾由细沙逐渐向淤泥变化，向海一侧多为黏土和软泥。北部发育有大型孟加拉深海扇，是恒河三角洲的水下延续部分。恒河的水下河床长达10千米。水下恒河峡谷深达732米，切开大陆架和大陆坡，并向南延伸至斯里兰卡以南5 000米深的深海平原，从海岸开始，长达2 000多千米。深海扇被许多树枝状谷地分割。湾的西边还有克里希纳峡谷、安得拉峡谷、金奈峡谷、本内尔峡谷等。深海盆略呈U形，深达4 500米。湾的南部有很直的东经90°海岭的北段，水深约2 134米。

湾区气温一年四季变化很小。春、夏两季多潮湿的西南风，秋、冬两季多东北风。海流随风向变化，春、夏两季呈顺时针方向，秋、冬两季呈逆时针方向。降水量东部3 000毫米，西部约1 000毫米。表层水温25～27℃。海水盐度30‰～34‰。由于受地形影响，湾内各种作用力聚集，潮差、静振[①]和内波[②]等现象都比较显著。

湾中海洋资源丰富。沿岸地区富有多种喜温生物，如恒河口等许多岸段都有红树林，缅甸和斯里兰卡沿海浅滩产珍珠贝。孟加拉国已开始在湾中勘探海底石油。缅甸近岸的兰里岛、曼昂岛附近是重要的海上石油产区。许多河口附近有很厚的矿砂沉积层，锰的含量丰富。另有黏土矿物，如伊利水云母和高岭石，以及海底隆起的另一种黏土矿蒙脱石。斯里兰卡东北岸地区产钛和锆，东海岸地区产金红石。经济鱼类有鲨鱼、鲳鱼等120多种，年渔获量60万吨以上。恒河口附近的养虾业已成为孟加拉国经济的重要组成部分。

孟加拉湾南部湾口附近是北印度洋航线的组成部分，为来往于马六甲海峡与波斯湾、苏伊士运河之间船舶的必经之地。湾内重要港口有：加尔各答，印度的最大城市和第二大港，有70多个卫星城，是印度最大的综合性城市群，市区人口460万，整个都市人口1 430多万（2014年），港口吞吐量4 629万吨，集装箱63万标箱（2014年）是世界最大黄麻工业中心，海军基地位于港内；马德拉斯，人口约800万（2015年），是印度第四大城，旅游和工商业中心之一，港口是全国最大的人工港，港口一部分辟为海军基地；维沙卡帕特南，印度最大矿石输出港，也是印度东部地区海军司令部、东部舰队司令部、潜艇部队司令部驻地；吉大港，孟加拉国第二大城市，最大海港和海、空军基地，港口年货物吞吐量5 478余万吨（2014年），海军主要舰艇驻于该港；亭可马里，斯里兰卡最大天然深水良港，原是英国海军基地，1957年收回后，现已是全国重要的军商两用港。其他港口还有：孟加拉国的科克斯巴扎尔、缅甸的实兑等。

孟加拉湾的地理位置、地理特点，常对沿岸国，尤其是孟加拉国造成严重自然灾害。海湾地处印度洋东北部，是热带气旋多发地区，每年平均有5~6个，约占全球的10%。湾的外形像一个巨大的喇叭口，从南到北变窄，同时水深也变浅，而湾顶附近又是恒河三角洲，地势低平。

---

① 静振：水面明显的上下波动。

② 内波：发生在密度不连续面附近的波浪。在发生内波的分界面上下两侧，水流流向相反，对拖网船可造成事故，对航行船舶可造成减速或停滞不前的现象。

当风暴从南向北移动时，受地形限制，风暴潮水越来越高，破坏力越来越大。同时，恒河三角洲平坦多水网，防潮能力差，又是孟加拉国最富饶的地区和世界上人口最密集的地区之一。如果风暴潮和天文潮叠加，往往潮位暴涨，形成潮灾，损失惨重。据统计，仅从1960年至1970年的11年间，孟加拉国遭受的重大潮灾就有5次，死亡人数共达74.91万。其中1970年11月12—13日发生的一次风暴潮，最大增水超过6米，导致孟加拉国20余万人死亡，约100万人无家可归。1991年4月29日的风暴以每小时233千米的速度（约64.7米/秒）席卷孟加拉湾，在吉大港附近登陆。高达6米的巨浪冲过防波堤，吉大港及周围2 000多个村庄变成一片汪洋。灾区内建筑物几乎全部被摧毁，交通、通信、水电全部中断，约有100万吨大米被卷入大海，500条渔船和5 000渔民失踪，受灾人口达1 000万，其中死亡13.8万，经济损失约15亿美元。值得深思的是：这次潮灾是在孟加拉国已有防范和有准确预报的情况下发生的。防灾减灾是孟加拉湾地区，尤其是孟加拉国的艰巨任务。

## 2. 阿曼湾 Gulf of Oman
## ——波斯湾石油输出的海上通道

**海湾名片**

| | |
|---|---|
| 湾名 | 阿曼湾 |
| 位置 | 印度洋北部，阿拉伯海北端西侧 |
| 长 | 约560千米 |
| 宽 | 约360千米 |
| 水深 | 均1 000米以上 |
| 气候 | 热带干旱气候 |
| 城市 | 阿曼的马斯喀特(首都) |
| 港口 | 马特拉，阿曼最大港口，主要石油输出港 |
| 海军基地 | 阿拉伯联合酋长国的富查伊拉、阿曼的武扎姆阿勒瓦、锡卜 |

阿曼湾位于印度洋北部阿拉伯海的北端西侧，略呈东西向延伸，东宽西窄，形似喇叭。北岸主要是伊朗南海岸，东北隅有一段巴基斯坦西南海岸，南岸主要是阿曼的北海岸，西北端有一段为阿拉伯联合酋长国的东海岸。海湾有两个出海口，西北口以阿曼的利迈角与伊朗的库赫角连线为界，经霍尔木兹海峡通波斯湾；东口以阿曼的哈德角与巴基斯坦的吉沃尼角连线为界，连阿拉伯海，通印度洋。

北岸为伊朗高原的南部边缘，岸

边有狭窄的平原，只有一些短小的河流入湾；南岸阿曼的哈贾尔山脉与海岸平行，主峰沙姆山海拔 3 352 米，距岸约 70 千米，岸边有狭窄的冲积平原。马斯喀特以西沿海平原较宽，宽约 16～32 千米，人口集中，是阿曼的主要农业耕作区。有时令河入湾。北岸略弯曲，南岸平直。

湾内少岛屿礁石，仅南岸马斯喀特以西岸边有少数小岛礁。湾底较深，平均深度 1 千米以上。大陆架狭窄，平均宽度不足 30 千米。海底坡度北缓南陡，尤其是南岸哈德角至马斯喀特沿岸，离岸 30 千米以外，深度就下降至 2 千米。中部深轴线深度西端约 110 米，东部下降至 3 千余米，东口最深达 3 398 米。

阿曼湾地处北回归线以北，属热带干旱气候。夏季炎热，5—7 月平均气温约 32℃，马斯喀特最高达 45.7℃；冬季较凉爽，平均气温低于 27℃，最低 14℃。年降水量 100 毫米。海流夏季为东流，冬季为西流。

阿曼湾是波斯湾石油输出的重要海上通道。伊朗的恰赫巴哈尔、阿拉伯联合酋长国的富查伊拉、阿曼的锡卜建有空军基地；阿拉伯联合酋长国的富查伊拉和阿曼的武扎姆阿勒瓦、锡卜是海军基地，锡卜还是阿曼的海军司令部驻地。南岸的马斯喀特是阿曼的首都，也是深水良港，年货物吞吐量 771 万吨（2012 年）。市西约 5 千米的马特拉是阿曼的最大贸易港，新建的卡布斯港有 10 个深水泊位，附近的费赫勒是石油输出港，有油管通阿曼内地各主要油田。

### 3. 波斯湾　Persian Gulf
### ——“五海三洲”之地、世界最大的海洋石油产区

波斯湾简称海湾，阿拉伯语称阿拉伯湾，是世界最著名的海湾之一。波斯湾是印度洋西北部的一个边缘海，界于伊朗高原和阿拉伯半岛之间，东口以伊朗格什姆岛西缘和阿曼的沙姆连线，与霍尔木兹海峡分界。海峡外面是阿曼湾，出阿曼湾入阿拉伯海，通印度洋（见图 17）。IHO[①]的《海洋的界线》中则将阿曼湾也划入波斯湾内，并以阿曼的利迈角至伊朗的库赫角的连线接阿拉伯海。波斯湾略呈西北—东南方向延

① IHO 即国际海道测量组织。

伸，形似香蕉。从霍尔木兹海峡到湾首阿拉伯河口，长约 1 100 千米，宽 56～338 千米，面积 24.1 万平方千米。平均深度 25 米，最深处在湾口附近，深 219 米。

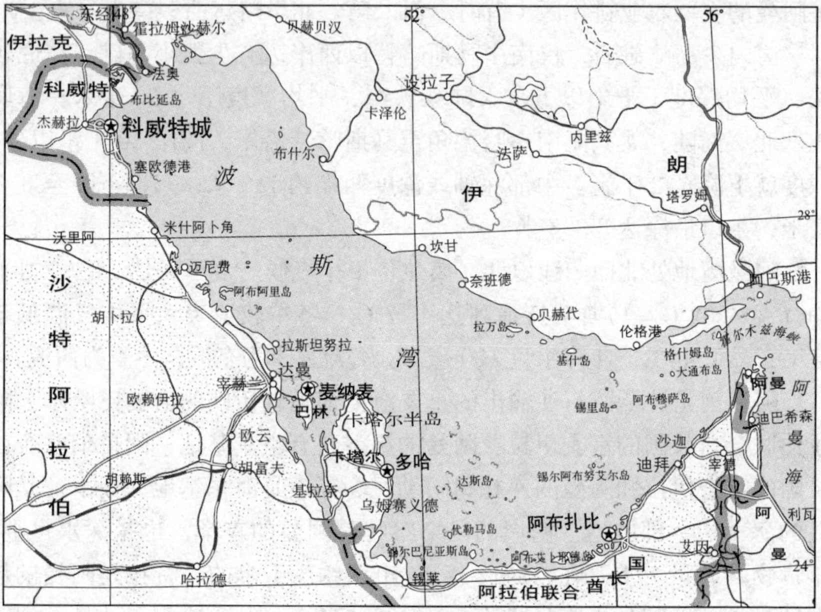

图 17　波斯湾

波斯湾东北侧伊朗海岸是西北—东南向延伸的扎格罗斯山脉，一般海拔 2 千米以上，岸边危崖陡壁，沿岸平原极其狭窄，岸线平直，缺少港湾和河口湾，注入河流仅有曼德河、佐赫雷河等几条短小的季节性河流，注入海湾的淡水非常有限。海岸自布什尔向北延伸，滨海平原逐步加宽，岸线较曲折，多小海湾。湾首的阿拉伯河是海湾最大的注入河流，上游为底格里斯河和幼发拉底河。两河流域的美索不达米亚平原是古巴比伦文化的发祥地。两河在伊拉克库尔纳汇合后称阿拉伯河，并在伊朗阿巴丹以北接纳卡仑河，在伊拉克法奥附近注入波斯湾。海湾西南侧阿拉伯半岛沿岸，除卡塔尔半岛及东南端霍尔木兹海峡地区之外，很少有悬崖峭壁，沿岸陆地广布沙漠，海岸为低平沙岸，局部有潟湖和盐沼，没有河流注入，岸边多沙滩。

湾内岛礁众多，大部为珊瑚岛礁。主要岛屿有：布比延岛、巴林岛、哈尔克岛、谢赫舒埃布岛、卡伊斯岛、阿布穆萨岛、大通布岛、小通布岛和格什姆岛等。海域水浅，极少超过90米，只有东南部深度超过110米。海底地形两侧不对称，西侧深度很少超过36米。阿拉伯河与北岸时令河带来的泥沙填积湾底，湾首陆地每年向海平均伸展56米，使波斯湾日渐淤浅、缩小。

**海湾名片**

| | |
|---|---|
| 湾名 | 波斯湾 |
| 位置 | 印度洋西北部 |
| 面积 | 24.1万平方千米 |
| 水深 | 平均25米 |
| 气候 | 亚热带沙漠气候 |
| 水温 | 8月30~33℃,2月15~21℃ |
| 潮差 | 卡塔尔附近1.2~1.5米,西北端3~3.4米,东南端2.7~3米 |
| 资源 | 石油已探明储量900亿吨,占世界石油总储量的将近2/3 |
| 环境 | 由于油船漏油、战争时期焚烧油田等原因,海域污染严重 |

波斯湾地处北回归高压带，属亚热带沙漠气候，全年炎热干燥。平均气温：7月32~33℃，1月14~20℃。年降水量100~170毫米，北岸最大降水量也只有316毫米。终年盛行西北风，夏季多尘霾，能见度低。强劲的西北风把附近沙漠地带的尘土大量吹进海湾，使海水浑浊，呈灰色。秋、冬两季多雾，常有蜃景。秋季多雹和龙卷风。一年四季都可能发生尘雾和沙暴，5—8月最为常见。表层水温：8月30~33℃，2月15~21℃。盐度：湾口附近37‰~38‰，西北部38‰~41‰，阿拉伯河口为30‰。潮流流向大体与海湾轴线平行，潮差卡塔尔附近1.2~1.5米，向西北增高到3~3.4米，向东南端增高到2.7~3米。潮流流向复杂多变，流速0.2~3节，最大可达4.3节。但在强风作用下，潮流可以倒流。海流：高温、高压的湾内水体从下层流入印度洋，印度洋海水从表层流入海湾，呈逆时针方向环流，湾口流速3~4节，湾底1节。

"波斯湾"一词有时不仅指海湾本身，而且包括霍尔木兹海峡和阿曼湾。海湾地区是指波斯湾本身及其周围地区，也就是包括东北岸的伊朗，西北岸的伊拉克、科威特，西岸的沙特阿拉伯，西南岸的岛国巴

**军事基地**

伊朗的布什尔海空军基地，哈尔克岛霍梅尼港海军基地；伊拉克的巴士拉海空军基地，乌姆盖斯尔海军基地；科威特的舒韦赫海军基地；沙特阿拉伯的达曼、拉斯坦努拉、朱拜勒海军基地，宰赫兰空军基地；巴林的朱费尔（麦纳麦）海军基地；卡塔尔的多哈海空军基地；阿拉伯联合酋长国的阿布扎比、迪拜、沙迦海空军基地，阿治曼、哈伊马角海军基地等

林、半岛国卡塔尔，南岸的阿拉伯联合酋长国和湾口的阿曼八国。人口共计1.68亿（2015年），主要是阿拉伯人和波斯人。但由于历史的和现实的原因，有1/3以上是少数民族和外籍移民。居民绝大部分信奉伊斯兰教，但分属于逊尼和什叶两大派。共同的宗教是人们团结的积极因素，但两派久有积怨，常有纠纷。

波斯湾的地理位置十分重要。它处于西亚的中心部位，而西亚又处在亚、欧、非三大洲的连接处，周围有阿拉伯海、红海、地中海、黑海和里海环绕，被称为“五海三洲”之地。而且“五海”中又有霍尔木兹海峡、曼德海峡、黑海海峡等具有世界意义的海峡和许多重要的岛屿。这就使这一带自古就成为亚、欧、非三大洲交通的重要枢纽。波斯湾地区还处在西半球陆地的中心，到各地都不远。波斯湾地区的古巴比伦文明发祥地也处在世界各古代文明发祥地的中心：东有中国古代文明和古印度文明，西有古埃及文明和古希腊、古罗马文明。因此，这个地区又成为古代东西文明交流的必经之地。古代丝绸之路从中国经海湾地区到达地中海沿岸，古代海上丝绸之路也从中国直达海湾地区和非洲东岸。15世纪末，奥斯曼帝国对这一地区交通的垄断和封锁，迫使西班牙、葡萄牙开辟好望角航线，使这一地区一度衰退。1869年苏伊士运河修成，再次提高了附近地区的交通地位。波斯湾沿岸的重要港口有：伊朗的阿巴丹、霍梅尼港、布什尔、伦格、阿巴斯港、世界最大的石油输出港之一的哈尔克岛，伊拉克的巴士拉、乌姆盖斯尔和法奥港，科威特的米纳萨乌德和科威特港，沙特的达曼、朱拜勒和拉斯坦努拉，巴林的麦纳麦，卡塔尔的多哈、乌姆赛义德，阿拉伯联合酋长国的阿布扎比和迪拜等。

第二次世界大战后，海湾地区大量石油的发现、开采和外运，使波斯湾成为更加举世瞩目的世界战略要地之一。海湾地区石油的分布以波斯湾为中心，向西北延伸至伊拉克北部、叙利亚东北部直至土耳其东南

部，向东南延伸到阿曼。

石油是怎样形成的，目前已有三种说法，传统的说法是：死亡的植物和动物由微生物分解为有机物沉积而成。但是现今已发现的油田，石油非常丰富，在地球历史上的生物总量达不到如此大的数量。另外，有些已枯竭的油田，过几年之后又产生丰富石油，为什么？第二种说法是：在地下 100 千米处高温高压的条件下，无机碳和水产生碳氧化合物。近来又有一种说法：石油来自天外——宇宙的恒星，星云向地球喷发石油，但这种说法尚未得到证实。波斯湾丰富的石油，按传统的第一种说法，与该地区地质发展史、岩性和地质构造有关。在距今 1.42 亿年—6550 万年前的白垩纪，海湾地区处于赤道附近，是古斯特海的一部分，气候炎热潮湿，且有一股赤道洋流通过，带来丰富的营养物质和有机物，海洋动、植物大量繁衍。晚白垩世时，海湾地区是一个临近古非洲大陆的特大型半封闭沉积盆地，大量陆源物质流入，生物遗体和泥沙混合在一起，沉积在盆地的底部。此后，阿拉伯板块从非洲大陆分离出来，并逐渐北移，与欧亚大陆发生轻微碰撞，释放出热量。在高温高压条件下，有机质经过一系列复杂变化形成了石油。这个地区多孔的石灰岩为石油的富集提供了方便。这里的背斜构造规模宏大，面积达数千平方千米，为大油田的形成提供了广阔的空间。同时，近地面有干燥气候下形成的岩盐、石膏等不透水层覆盖在储油构造上，防止油气挥发。

海湾地区因为有上述得天独厚的丰富有机质、大型沉积盆地、有利的构造条件和保存条件，使波斯湾形成无与伦比的超大型油田，成为世界石油的宝库。到 20 世纪 90 年代初，海湾地区已探明石油储量约 900 亿吨，占世界石油总储量的将近 2/3。在世界 10 大储油国中，海湾国家就占了 5 个（沙特阿拉伯、伊拉克、科威特、阿拉伯联合酋长国和伊朗）；世界 20 个特大油田，海湾地区占了 11 个。海湾地区石油年产量约 7.94 亿吨，占世界总产量的 26.7%。在世界各国中，年产量超过 1 亿吨的 10 个国家中，海湾地区也占了 5 个。海湾国家石油主要用于出口，其出口量占世界石油出口量的 40% 以上。一些国家对海湾石油具有巨大的依赖性，例如西欧国家进口石油的 2/3、美国的 1/4、日本的 3/4 都来自海湾。因而海湾又成为世界石油贸易的一条大动脉，交通运输非常繁忙，来往油轮络绎不绝。据统计，每 14 分钟就有一艘油轮进出海湾，每天运出的石油达 200 万吨以上。大量的石油美元使海湾国家步入世界上最富庶国家的行列，也为一些亚洲国家的劳务出口开辟了一个潜力很大的市场。

由于地理位置的重要性，经济上的特殊性，人口、宗教的复杂性，海湾地区自古以来就是一个多事之地。

公元前 6 世纪至公元 16 世纪，海湾地区先后在波斯帝国、阿拉伯帝国、奥斯曼帝国统治下，控制和反控制战争、统治和武装起义不断发生。从 1511 年葡萄牙人占领霍尔木兹岛开始，海湾地区就成为殖民主义者和帝国主义者争夺的目标。从此，地区内部矛盾和外部势力之间的矛盾交织在一起。1622 年英国人联合波斯人攻占霍尔木兹岛和格什姆岛；1625 年荷兰人帮助英国人粉碎了葡萄牙人的反攻；随后是英、荷之间和英、法之间的角逐。1855 年英国确立了在海湾地区的统治地位。第一次世界大战后，美国势力侵入海湾。第二次世界大战中，海湾成为同盟国向苏联提供军用物资的补给线。1968 年英国撤军后，美国、苏联开始角逐。大国的插足加剧了海湾地区的动荡不安。与此同时，海湾地区的内部矛盾也连续不断，其中有民族宗教问题，但更重要的是领土、领水之争。如 1971 年伊朗占领湾口的阿布穆萨岛、大通布岛和小通布岛；1974 年伊拉克和伊朗发生边境武装冲突。1980—1988 年，伊拉克和伊朗因领土、领水之争，爆发了两伊战争。1987 年美国公开卷入，在海湾地区与伊朗发生军事冲突。1990 年 8 月 2 日，因领土争端，伊拉克出兵占领科威特，7 月美国出兵海湾。1991 年 1 月 17 日，以美国为首的多国部队发动了海湾战争。2003 年 3 月 20 日，美英联军发动所谓“斩首行动”，向伊拉克首都巴格达总统住所等目标发射巡航导弹；次日，美英联军又对巴格达发动了代号为“震慑”的大规模空袭和地面攻势。伊拉克战争爆发。

波斯湾地区港口众多，大多数为石油输出港，主要有：伊朗的哈尔克岛港，拥有世界最大的海上原油码头，伊朗出口原油的 90% 以上在该处转运，每天运量超过 200 万桶（2007 年）；阿巴斯港，是伊朗最大的港口，年货物吞吐量 3000 万吨（2007 年）。霍梅尼港，年货物吞吐量 2 870 万吨（2007 年）。伊拉克的巴士拉港，年货物吞吐量 3 000 万吨，集装箱 50 万标箱（2009 年）；伊拉克的乌姆盖斯尔港，年货物吞吐量 800 万吨，集装箱 10 万标箱（2008 年）。科威特最重要的商港有舒瓦克港和舒艾拜港。舒瓦克港（也译为舒韦赫港）位于科威特城以西，港口年吞吐量 914 万吨，集装箱约 70 万标箱（2012 年）。舒艾拜港（也译为舒艾巴港）位于科威特城以南，港口有泊位 20 个，码头岸线长 4 000 米，港池水深 10~14 米，油码头前沿水深 16 米。沙特的达曼港，沙特仅次于红海吉达港的第 2 大港，拥有 39 个泊位，年吞吐量 3 268 万吨，集装箱 195 万标箱（2015 年）。阿联酋的迪拜港，世界最大的人工港、中东最繁忙的商港，年货物吞吐量达 1.64 亿吨（2013 年），集装箱 1 559 万标箱（2014 年）。其他重要海港还有：巴林的麦纳麦港，卡塔尔的多哈港，阿曼的马斯喀特港。

波斯湾沿岸是世界上军事基地比较密集的地区之一，主要军事基地有 20 多处。

### 4. 亚丁湾 Gulf of Aden
### ——两端湾口都连海的海湾

亚丁湾地处亚、欧、非三大洲接合部附近，是印度洋经红海、苏伊士运河入地中海的必经之地，战略地位十分重要。我国明代航海家郑和第 4~7 次“下西洋”都曾到亚丁湾。我国现代商船，甚至渔船对亚丁湾也不陌生。

亚丁湾是红海和阿拉伯海之间的水域，北面是阿拉伯半岛，南面是“非洲之角”索马里半岛。有两个出口，东口宽约 480 千米，以索马里的阿西尔角和也门费尔泰克角的连线接阿拉伯海。东口外东南侧有索科特拉岛等岛屿。海湾向西渐窄。西端湾首有一小湾——塔朱拉湾。西口经曼德海峡连红海，并以也门的曼德角和吉布提的锡阿内角的连线为界。

亚丁湾中少岛屿。东口外的索科特拉岛是湾口的屏障，位于东非至阿拉伯半岛、印度洋入红海的航线上；西口的丕林岛雄居曼德海峡中部，曾是重要的船舶燃料补给站，现为海底电缆中继站，战略地位重要。

海湾名片

| 湾名 | 亚丁湾 |
|---|---|
| 位置 | 印度洋西北端，亚、非、欧三大洲接合部附近 |
| 长 | 约880千米 |
| 宽 | 平均300千米 |
| 水深 | 一般2 000~3 000米 |
| 气候 | 热带沙漠气候 |
| 水温 | 25~28℃ |
| 资源 | 盛产沙丁鱼和鲇鱼，主要捕捞海豚、金枪鱼、梭鱼和鲨鱼 |
| 城市 | 也门的亚丁、吉布提的吉布提(首都) |
| 港口 | 也门的亚丁港(曾是世界最大加油港之一)、索马里的柏培拉(索马里北岸最大港市)、吉布提的吉布提港(东非最大港市之一) |
| 海军基地 | 也门的亚丁海军基地；吉布提，法国在此有驻军，舰艇10余艘 |

印度洋大洋中脊——阿拉伯—印度海岭的余脉西巴海脊横贯亚丁湾海底，海脊顶部沿中轴线有一大裂谷，并有许多大致呈东北—西南走向的断层切割，最大的断层在东口附近，叫阿卢拉—费尔泰海沟。该海沟最深处在湾口外，深达5 360米；湾内最深处深3 328米，也是亚丁湾的最深处。

亚丁湾的地质演变与东非大裂谷和红海密切相关。海脊表面没有或仅有一层很薄的沉积层；越靠近大陆架，沉积层越厚，在瓦迪·哈德拉穆特河口以南的沉积层厚达1 600米。湾中有浅源地震活动，有高温水流和新喷出的熔岩。

亚丁湾地区属热带沙漠气候，酷热少雨。平均气温：1月25.4℃，6月32.9℃。年降水量40.9毫米。北岸的亚丁在4月初气温就高达38~39℃，几乎终年无雨。红海、亚丁湾和阿拉伯海之间海水的大量对流、强烈的蒸发作用和季风的影响，使亚丁湾水体结构十分复杂，表层水含盐度高。每年11月至翌年3月为东北风季节，表面水温25~28℃；5—9月为强劲的西南风季节，表层水温25~31℃。在90~600米深处有一股含盐度稍低的水流，从阿拉伯海经曼德海峡流向红海；而在760米以下有一股高盐的水流以相反的方向从红海流向阿拉伯海。在海湾东部900~1 800米以下直至海底，以及西部低洼处，有一层温度和盐度都很低的水层。

湾中浮游生物丰富，生物种类繁多。近海盛产沙丁鱼和鲇鱼，当地渔民主要捕捞对象是远海鱼类海豚、金枪鱼、梭鱼和鲨鱼等。

亚丁湾沿岸的主要港口有也门的亚丁、索马里的柏培拉和吉布提共和国的吉布提。北岸的亚丁是亚丁湾沿岸的最大港口城市，历史上曾成为东西方贸易的中转站。苏伊士运河通航后，亚丁港曾成为世界第二大转口港，不仅担负着本国进出口物资和周围国家转口物资的装卸任务，还为通过苏伊士运河的各国过境船只提供服务。该港为一深水良港，可同时停靠30多艘船舶，附近有一座年产800万吨汽油的炼油厂，10多艘船可同时加油，为世界上仅次于新加坡的第二大加油港。亚丁港还是印度洋沿岸最重要的海军基地之一。亚丁湾西岸的柏培拉是索马里北海岸的最大港市，苏联曾在此设海军的导弹基地，1977年撤走。位于湾首塔朱拉湾南岸的吉布提是吉布提共和国的首都和最大城市，是个自由港，也是东非的最大海港之一。1977年吉布提共与国与法国签订军事协定，允许法国在此驻军4 150人，现驻有军舰10余艘。

由于亚丁湾是波斯湾—苏伊士运河—地中海、太平洋—马六甲海峡—苏伊士运河、地中海—澳大利亚等航线的必经之路，每年有100多个国家的近2万艘船经过，每天平均50艘，在交通战略上具有非凡的意义。近几年来，索马里海盗经常出没，惊动了众多海运大国和联合国，许多国家派出了护航船。我国自2009年底至2014年初派出17批护航舰艇编队，保证了亚丁湾海运的安全。

## 5. 苏伊士湾 Khalij as Suways
## ——苏伊士运河的南出口

苏伊士湾位于红海北部，西为非洲大陆，东为亚洲的西奈半岛，两侧均为埃及领土。湾北有苏伊士运河通地中海，是印度洋经红海、苏伊士运河通地中海、入大西洋的必经之地。因位于亚、欧、非三大洲的接合部附近，其战略地位十分重要。苏伊士湾略呈东南—西北走向，东南口有沙基尔岛屏障，并以西奈半岛南端的穆罕默德角和沙基尔岛南端的连线，及沙基尔岛南端的北纬27°27′纬线至埃及海岸为界接红海。西北湾首为苏伊士运河南

**海湾名片**

| | |
|---|---|
| 湾名 | 苏伊士湾 |
| 位置 | 印度洋西北部，红海北端西侧 |
| 面积 | 9 500平方千米 |
| 气候 | 干燥少雨 |
| 资源 | 近海多处发现石油 |
| 港口 | 埃及的陶菲克港、苏伊士港 |

口。从沙基尔岛至苏伊士运河南口的距离为330千米，平均宽约30千米，面积9 500平方千米。东部隔西奈半岛上2 637米的凯瑟琳山地与亚喀巴湾相邻。西部隔非洲东部沙漠（阿拉伯沙漠）与尼罗河平行。两侧岸线陡直。除湾口南侧多岛屿外，湾中无其他岛屿，近岸多珊瑚礁。

苏伊士湾地区气候干燥，雨量稀少。20世纪70年代和80年代，在海滨和近海许多地区发现石油。位于西奈半岛岸边的阿布鲁迪斯油田是埃及最大的油田，后又在其北边发现了一个新油田——阿布泽尼迈油田。两岸多小型港口，其中较著名的有陶菲克港和苏伊士港。陶菲克港年货物吞吐量3 000万吨（2010年），苏伊士港年集装箱吞吐量220万标箱（2008年）。两港均位于湾首苏伊士运河南口，现是埃及的海军基地和附近地区的贸易中心，有公路和铁路直通埃及首都开罗，是重要的运输港，也是去麦加朝觐（jìn）的出发站。其兴衰与苏伊士运河的开放和关闭关系密切。

### 6. 亚喀巴湾　Gulf of Aqaba
### ——世界上狭窄而陡深的海湾

亚喀巴湾是红海北端伸向东北方的海湾，略呈西南—东北走向，位于阿拉伯半岛和西奈半岛之间，东滨沙特阿拉伯，西濒埃及，湾首东侧是约旦，北侧为以色列。亚喀巴湾是东非大裂谷的一部分。两岸岩壁陡立，高约600米，海底深陷，平均水深约1 000米，最深处达1 828米。湾口有蒂朗岛等许多岛屿和珊瑚礁，且多风暴，航行困难。地处亚热带，常年日照充足，年降水量不足100毫米，蒸发量却很高，海水盐度大。清澈平静温暖的海水适于开展各种水上运动。

**海湾名片**

| | |
|---|---|
| 湾名 | 亚喀巴湾 |
| 位置 | 印度洋西北部，红海北端东侧 |
| 长 | 约160千米 |
| 宽 | 20~27千米 |
| 水深 | 平均1 000米 |
| 港口 | 亚喀巴港、埃拉特港、埃及的达哈卜港 |
| 军事基地 | 约旦的海军基地设在亚喀巴港，以色列的海军基地设在埃拉特港 |

亚喀巴湾沿岸没有大型港口。但一些小型港口对沿岸国却有重大的意义，

其中比较突出的是约旦的亚喀巴港和以色列的埃拉特港。

亚喀巴港位于湾首的东侧，是约旦的唯一港口，也是叙利亚、黎巴嫩通红海、入印度洋的唯一港口。该港在公元 7 世纪成为埃及穆斯林赴麦加朝觐的重要中途站，第一次世界大战中为土耳其筑防前哨站，第二次世界大战中经英国人改建，约旦独立后海港设施现代化。1961 年开放深水港，输出磷酸岩，输入工业品。1975 年苏伊士运河重新开放后，港口货物吞吐量增加，年货物吞吐量达 1 935 万吨（2013 年）。

埃拉特港是以色列不必经苏伊士运河而直接经红海入印度洋的唯一港口，有大型石油泊位，并有输油管通往地中海沿岸的阿什克伦和海法，年货物吞吐量 260 万吨（2013 年）。

此外，亚喀巴湾沿岸还有埃及的达哈卜等港口。这些港口的存在和发展，更显示了亚喀巴湾作为港口腹地海上通道的重要意义。

## 7. 大澳大利亚湾 Great Australian Bight
## ——无河流入海的海湾

大澳大利亚湾位于澳大利亚南岸，面向印度洋，西起西澳大利亚州的帕斯利角，东至南澳大利亚州埃尔半岛东南端的西角，两角连线为其南界。海湾东西长 1 159 千米，凹入陆地的纵深 80～354 千米，轮廓开阔，面积小于北部的卡奔塔利亚湾，为澳大利亚的第二大湾。沿海陆地虽临近纳拉伯平原，但气候干燥，几乎无河流入湾。海岸线平直，多耸立石灰岩悬崖，只有东部海岸能停泊。近岸水浅，但外侧最深处可达 5 600 余米。再向南就是南澳大利亚海盆。海湾一带处于冬季西风带的控制之下，素以风大浪高著称于世，冬季尤甚，不利于航行。湾内岛屿不多，只有纽茨群岛和调查者号群岛等小岛屿，沿岸无重要港口。

## 8. 科克本湾 Cockburn Sound
## ——北印度洋与南太平洋的海上交通要冲

科克本湾位于澳大利亚西南端卢温角的北侧，是弗里曼特尔港的外港南部，居印度洋东岸的中部，地处印度洋北部通往南太平洋的海上交

海湾名片

| | |
|---|---|
| 湾名 | 科克本湾 |
| 位置 | 澳大利亚西南端卢温角北侧 |
| 南北长 | 23千米 |
| 东西宽 | 5~10千米 |
| 水深 | 一般9~22米 |
| 海军基地 | 西侧加登岛上有科克本湾海军基地 |

通要冲，北邻澳大利亚西部最大城市珀斯。湾口朝北，有一条底宽150米、深13.7米的人工疏浚航道连奎纳斯附近的工业区和罗舍阿姆港，通弗里曼特尔港的外港北部，入印度洋。

科克本湾属地中海型气候，12月至翌年2月炎热干燥，6—8月温和多雨。年平均气温18℃，极端最高气温44.6℃，最低1.2℃，年降水量881毫米。

湾西侧有加登岛屏障，并有向北延伸的岛礁、浅滩与印度洋隔开。岛上建有海军基地，有码头、修船厂、仓库、无线电台等设施。岛的南端与大陆间有一海峡，水深较浅，现有海堤将加登岛与大陆相连。1981年起，美国核动力舰艇经常出入该基地。

## 9. 菲利普港湾 Port Philip Bay
## ——位于印度洋和太平洋之间的港湾

菲利普港湾是一个小海湾。它虽然小，但因位置重要而在世界重要的海湾中有其地位。它位于澳大利亚大陆南部维多利亚州南岸，隔巴斯海峡与塔斯马尼亚岛相望，向东是太平洋的属海——塔斯曼海，向西是印度洋。

海湾名片

| | |
|---|---|
| 湾名 | 菲利普港湾 |
| 位置 | 澳大利亚南岸，隔巴斯海峡与塔斯马尼亚岛相望 |
| 南北长 | 48千米 |
| 东西宽 | 40千米 |
| 城市 | 墨尔本 |
| 海军基地 | 墨尔本 |

港湾入口仅宽2.8千米，入口接1 097米宽的通航海峡，有利特尔河、韦里比河、亚拉河注入。

气候夏季炎热干燥，冬季温和多雨。平均气温：1月约20℃，7月约10℃。年降水量约660毫米。

菲利普港湾还因其西北岸有墨尔本港市而使其意义大增。墨尔本是澳大利亚第二大城市、维多利亚州首府，是澳大利亚全国经济、贸易中心，海、陆、空交通枢纽。1851 年因近郊发现金矿后日趋繁荣。1901—1927 年曾为澳大利亚联邦首都。1945 年后，汽车、飞机、机床、炼油、石化、纺织、食品等工业发展迅速。

港口位于湾北部，分 4 个区，面积 27 平方千米，有 60 个大型舰船泊位。码头总长约 20 千米。码头前沿水深 13 米，航道水深 5.8 ~ 12.5 米。主要输出羊毛、石油制品、肉类、谷物和乳品。输入机械、钢铁和化工产品。年货物吞吐量 6 440 万吨（2005 年）。军港位于威廉斯敦港区西南侧，现为维多利亚海军司令部、后勤司令部和第三军区司令部驻地。

## 10. 马普托湾　B.de Maputo
## ——离好望角最近的海湾

马普托湾旧称德拉瓜湾，位于非洲东岸莫桑比克南端，隔莫桑比克海峡与马达加斯加岛相望，扼莫桑比克海峡南口西岸，是印度洋北部经好望角至大西洋的必经之地。

马托拉河、滕贝河、厄姆贝卢济河注入内湾，马普托河和科马蒂河注入外湾。海湾虽属热带气候，但气候宜人。平均气温：7 月约 18℃，1 月约 26℃。年平均降水量约 760 毫米。

**海湾名片**

| | |
|---|---|
| 湾名 | 马普托湾 |
| 位置 | 非洲东岸，莫桑比克南端 |
| 长 | 约30千米 |
| 宽 | 约26千米 |
| 气温 | 年平均22℃ |
| 城市 | 马普托，莫桑比克首都 |
| 港口 | 马普托港 |

湾口有旅游胜地伊尼亚卡岛。湾首北岸有莫桑比克首都马普托而使该湾具有重要意义。马普托是莫桑比克最大的城市，人口 120 余万，是全国政治和工商业中心。全国唯一的炼油厂就在港口附近，另有较大的面粉厂和纺织厂。马普托港是天然良港，是南部非洲的主要港口之一，有铁路通往南非和内陆国津巴布韦、博茨瓦纳、赞比亚等国。港口可同时停靠 20 余艘海轮。该港原为输出象牙和奴隶的口岸，是印度洋贸易的中间站，后主要转运南非、斯威士兰和罗得西亚的工矿产品，现仍是南非和斯威士兰等国部分物资的转运港，年货物吞吐量 1 560 万吨（2013 年）。

# 三、大西洋属湾

大西洋也是一个岸线曲折、岛屿众多的大洋，海湾也相当多。较大的、较重要的海湾都集中在北大西洋，而南大西洋岸线相对比较平直，海湾较少。大西洋重要海湾有墨西哥湾、比斯开湾、几内亚湾、哈得孙湾、巴芬湾和圣劳伦斯湾等。

## 1. 波的尼亚湾　Gulf of Bothnia
## ——海水最淡的海湾

波的尼亚湾是波罗的海北部海湾，位于北欧芬兰和瑞典之间（见图 18）。海湾略呈南北延伸，中部较狭窄，称北克瓦尔肯海峡，南口几乎被奥兰群岛封闭，以瑞典的辛普奈斯克卢布向东，经弗勒特扬礁石、洛格岛、法斯特尔纳岛、雪卡瑟纳岛、韦纳—卡尔克斯凯岛，至芬兰海

图 18　波的尼亚湾、芬兰湾、里加湾

岸的汉科角的连线，接波罗的海。群岛东侧水域小岛密布，不利于通航，群岛西侧称南克瓦尔肯海峡，是波的尼亚湾出入波罗的海的主要通道。海湾平均深度约 50 米，最深处 295 米。

海湾名片

| 湾名 | 波的尼亚湾 |
| --- | --- |
| 位置 | 波罗的海北部 |
| 南北长 | 724千米 |
| 东西宽 | 80～240千米 |
| 水深 | 平均50米 |
| 港口 | 图尔库，芬兰第二大港；斯德哥尔摩，瑞典首都，瑞典第二大港 |
| 海军基地 | 斯德哥尔摩 |

波的尼亚湾海岸曲折，约每隔 50 千米就有一条河流注入。东岸芬兰境内的河流略短，西岸瑞典境内的河流较长。注入湾首的几条河流较大，有芬兰的凯米河、瑞典的卡利克斯河和两国的界河——托尔尼奥河等。大量淡水注入，使波的尼亚湾的海水盐度仅 2‰，为世界最淡的海湾。

海湾地处北纬 60° 以北，气候寒冷，平均气温：1 月约 −10～−5℃，7 月 15～17℃。海水温度低，冬季 0℃以下，冰期长达 210 天，冰层厚达 17 米，夏季 18～20℃。潮差 0.2 米。

湾内及附近主要海港有：居湾口东岸的图尔库，为芬兰古都、文化中心和全国第二大海港；位于湾口西岸外侧约 100 千米处的斯德哥尔摩，为瑞典首都、全国第二大海港和海军基地，年货物吞吐量 2 500 万吨（1992 年）。图尔库和斯德哥尔摩之间有火车轮渡相联系。湾内其他海港还有：芬兰的波里、瓦萨、奥卢和科科拉，瑞典的吕勒奥、耶夫勒、海讷桑德和松兹瓦尔等。

## 2. 芬兰湾 Gulf of Finland

### ——有运河连接白海和黑海的海湾

芬兰湾位于波罗的海东部，略呈东西向延伸，形状极像横卧的日德兰半岛。北岸是芬兰，东岸是俄罗斯，南岸是爱沙尼亚（见图 18）。芬兰汉科半岛西南端的佩萨佩阿角以南是湾口，并以汉科角和爱沙尼亚的波萨斯皮角的连线为界接波罗的海。爱沙尼亚塔林以北宽 45 千米，爱沙尼亚纳尔瓦至芬兰科特卡最宽，约 130 千米。芬兰湾海岸大部分岸段

**海湾名片**

| | |
|---|---|
| 湾名 | 芬兰湾 |
| 位置 | 波罗的海东部 |
| 长 | 390千米 |
| 湾口宽 | 70千米 |
| 面积 | 约3万平方千米 |
| 城市 | 圣彼得堡，俄罗斯第二大城市；赫尔辛基，芬兰首都；塔林，爱沙尼亚首都 |
| 港口 | 圣彼得堡，俄罗斯最大港口；赫尔辛基，芬兰主要港口；塔林，爱沙尼亚最大港口 |
| 海军基地 | 喀琅施塔得、塔林、赫尔辛基 |

都比较曲折，多小海湾。北岸不太高，东、南岸大体都较低平，少数地段陡峭险峻。注入湾中的河流都比较短小，但数量很多，主要有涅瓦河、卢加河、纳尔瓦河。东北端俄罗斯维堡港有塞马运河接连芬兰的塞马湖。

湾中多岛屿，主要有苏尔萨里岛、莫什内岛、科特林岛、奈斯岛、奥斯莫斯岛、大别廖佐维岛等。湾底地形自东向西倾斜，科特林岛以东深度 3～7 米，以西 20～30 米，湾口处 100 米，个别深沟超过 100 米，最深处 121 米。

芬兰湾地处北纬 59°～61°，初夏有“白夜”[①]现象。海湾属海洋性气候。平均气温：夏季 16～18℃，冬季 −8～−6℃。年降水量 500～600 毫米。积雪期北岸为 5 个月，圣彼得堡为 130 天。表面平均水温冬季为 0℃左右，8 月 15～17℃。芬兰湾与外部海水交换缓慢，又有众多河流注入，加上气候寒冷，蒸发微弱，是世界上含盐最低的海域之一，表层海水盐度仅 3‰～7‰。由于盐度低，冬季封冻期长达 3～5 个月。通常 11 月开始结冰，翌年 4 月末解冻。封冻期港口必须用破冰船开辟航道。潮流很弱，但受风的影响水位变化显著。每年春夏，猛烈的西南风有时致使圣彼得堡发生水灾，如 1824 年水位高达 4.1 米，1924 年达 3.69 米。为确保安全，1980 年，开始建长达 25 千米的大海堤，高出正常水位 5.5 米。堤顶为 6 车道高速公路。堤坝上有 24 个水闸，涅瓦河上有两个船闸。

芬兰湾已发现有磁铁矿，在芬兰赫尔辛基西南约 80 千米处，靠近朱萨罗岛已有开采。湾内鱼的种类和数量都不多，主要有鲽、鳕、鲱等。

湾内航线纵横，除湾中各港出湾航线和相互间航线以外，由圣彼得

① 白夜：高纬地区夏季特有的不黑之夜。整夜处于晨昏蒙影之中，前一天的黄昏尚未结束，次日的黎明便接踵而来，通宵达旦，天空不黑。

堡涅瓦河向北经拉多加湖、奥涅加湖的白海—波罗的海运河通北冰洋属海白海，向东南经列宁伏尔加河—波罗的海水路与伏尔加河、里海相连。1 000 千米左右的海岸线上有大小 10 多个港口，主要有：湾首的圣彼得堡，人口 500 余万，是俄罗斯第二大城市、最大港口，年吞吐量 6 200 多万吨（2010 年）；北岸中段的赫尔辛基，为芬兰首都，人口约 50 万，是全国最大城市和主要港口，年货物吞吐量约 1 000 万吨（2013 年）；南岸西侧的塔林，为爱沙尼亚首都，人口约 50 万，是全国经济、文化中心和最大港市，年货物吞吐量约 2 915 万吨（2013 年）。其他重要港口还有芬兰的汉科、科特卡，俄罗斯的维堡、喀琅施塔得，爱沙尼亚的纳尔瓦等。

16 世纪以来，芬兰湾曾多次成为战场。如：1558—1583 年，俄国为争夺波罗的海出口发动的立窝尼亚战争；17—19 世纪的俄瑞战争、俄国国内战争等；1918 年，苏联波罗的海舰队曾通过芬兰湾破冰转移；第二次世界大战期间，苏联的波罗的海舰队曾在芬兰湾同法西斯德国和芬兰的舰队进行激战。芬兰湾沿岸多军事基地。喀琅施塔得 1703 年就建成要塞，现为俄罗斯重要海军基地。塔林也曾是苏联波罗的海舰队的主要海军基地。赫尔辛基是芬兰的海军基地、海军司令部驻地。芬兰湾现在在军事上仍具有重要意义。

### 3. 里加湾 Gulf of Riga
### ——第一次世界大战的重灾区

里加湾是波罗的海中的一个海湾，位于波罗的海东部，北岸和东岸北部是爱沙尼亚，南岸和东岸南部是拉脱维亚（见图 18）。湾口朝西北，有穆胡群岛屏障，其中较大的岛屿有希乌马岛和萨雷马岛等，使湾口有多条海峡连波罗的海，其中最大的是湾口南侧的伊尔贝海峡和北侧的穆胡海峡（曾译“蒙海峡”）。

里加湾是一个构造湾，由强度低而均一的基岩形成，形态简单而浅。海岸大部分低而多沙。注入的最大河流是道加瓦河，于南部湾首入海。

里加湾地处北纬 58°左右，纬度较高，但属温带气候。平均气温：

**海湾名片**

| | |
|---|---|
| 湾名 | 里加湾 |
| 位置 | 波罗的海东部 |
| 水深 | 最深处54米 |
| 面积 | 1.8万平方千米 |
| 气候 | 温带气候，盛行西风 |
| 城市 | 里加，拉托维亚首都 |
| 港口 | 里加、派尔努(爱沙尼亚) |
| 海军基地 | 里加 |

1月约 −7℃，7月约16℃。年降水量约600毫米。每年12月至翌年4月冰封。

南部湾首的里加是沿岸主要城市和港口，是拉脱维亚的首都，全国的政治、经济中心，又是海军基地。人口90多万，约占全国人口的1/3。港口位于道加瓦河河口以南两岸，年货物吞吐量约3 407万吨（2011年）。军港位于河口西南岸，距河口约460米。冬季结冰时，舰艇需破冰航行，通常移泊至湾口伊尔贝海峡外的文茨皮尔斯港。湾内重要港口还有北岸东端爱沙尼亚的派尔努等。

里加湾历来是军事要地，是俄国舰艇的主要驻泊地之一，曾发生过较大规模的海战。1915年，第一次世界大战期间，德国舰艇部队企图消灭里加湾内的俄舰，发生强渡伊尔贝海峡的海战。德军首先在北侧的蒙海峡（即今穆胡海峡）出口处布放水雷，封锁派尔努港，然后强渡伊尔贝海峡。强渡未获成功，德军就在今拉脱维亚的利耶帕亚和文茨皮尔斯集结了舰艇50余艘，另在芬兰湾集结担任掩护和支援的舰艇60艘，于8月8日开始实施突破行动，进行扫雷；16日扫清伊尔贝海峡南航道，19日突入里加湾；在炮击港市、击沉障碍船堵塞港口、布设水雷后，于21日撤出里加湾。这就是海战史上著名的“蒙海峡海战”。1917年，另一次著名的海战——伊尔贝海峡之战也在此发生。德国舰队为消灭里加湾中的俄舰队，准备先夺取湾口的蒙海峡群岛（即今穆胡海峡群岛），并最终从海上和陆上同时进攻圣彼得堡。该年10月，德军调集舰艇300余艘和登陆部队2.3万人，飞机94架，飞艇6艘，对阵俄国参战部队1.2万人、海岸炮兵16个连，舰艇116艘，经过扫雷和反扫雷、登陆和抗登陆，以及海上战斗，德军损失较大，于是放弃了突击里加湾的企图，主力返回北海。1940年拉脱维亚并入苏联后，里加湾是苏联波罗的海舰队的主要驻泊地之一。

## 4. 奥斯陆峡湾　Oslofjorden
## ——挪威首都的门户

奥斯陆峡湾位于北大西洋东部，其南侧的斯卡格拉克海峡是波罗的海出北海入大西洋的重要通道（见图 19）。从弗雷德里克塔德到奥斯陆，伸入挪威南部海岸约 130 千米。该峡湾原来是冰蚀形成的地槽，后因海面上升淹没地槽而成峡湾，是挪威沿岸最长的峡湾之一，曾局部被填塞和重新挖开。峡湾两岸森林密布，挪威东南部所有重要河流均注入奥斯陆峡湾，其中最大的河流是洛根河，流经附近最大的米约萨湖后，再从湾的右侧蜿蜒入湾。峡湾北部又分成两个支湾，湾中岛屿众多，最大和最著名的是莫斯附近的耶尔岛。沿岸有许多城镇和港口，如奥斯陆、莫斯、德拉门、霍滕、腓特烈斯塔、滕斯贝格等，其中最重要的是奥斯陆。

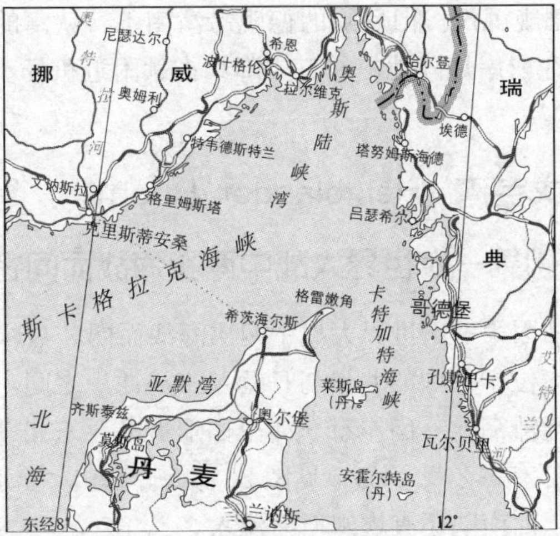


图 19　奥斯陆峡湾

奥斯陆位于峡湾的北端，是挪威的首都和全国最大的城市与港口，也是全国的政治、经济、文化和交通中心。人口 47 万左右，约占全国人口的 11%，工业总产值占全国的 1/4。港口滨水区岸线长 12.8 千米，城市围绕着港口而建。年货物吞吐量 1 000 万吨（2013 年），约占全国

**海湾名片**

| 湾名 | 奥斯陆峡湾 |
|---|---|
| 位置 | 挪威南岸 |
| 面积 | 1 984平方千米 |
| 气温 | 年平均5.9℃ |
| 港口 | 奥斯陆(挪威首都)、莫斯、德拉门、腓特烈斯塔、滕斯贝格 |
| 海军基地 | 霍滕，为首都门户 |

各港总吨位的1/4。

奥斯陆峡湾附近经济发达，又位于波罗的海出大西洋的必经之路斯卡格拉克海峡附近，战略地位十分重要，是挪威的海防前哨，也是侵略者进攻挪威首先要夺取的战略要地。第二次世界大战期间，这里曾发生海战。1940年4月8日，载有2 000名德军的登陆运输队进入奥斯陆峡湾，向挪威首都奥斯陆进发。挪威武装捕鲸船发现后交火被击沉。港内潜艇发现后增援又遭猛烈攻击而浮出水面投降。港内负责保卫船坞的挪威扫雷舰与德舰交火，双方均遭重创，有3艘德舰被击沉，但德舰已陆续进港。4月9日，德舰驶近峡湾的奥斯卡堡要塞，遭挪威岸炮轰击，1艘德舰沉没。但后随的德舰沿湾南下，从湾的东西两侧海岸上陆，从后方夺取岸炮阵地，并有空降兵占领附近机场。不久，奥斯陆就被德军占领。

## 5. 黑尔戈兰湾 Helgolander Bucht

### ——因第一次世界大战中两次海战而闻名的海湾

黑尔戈兰湾因第一次世界大战中两次海战而闻名全球。

黑尔戈兰湾位于德国的北岸与日德兰半岛西岸之间。湾岸多为低平沙岸，近岸多浅滩岛屿。南岸有东弗里西亚群岛，东北岸有北弗里西亚群岛，湾口中部有黑尔戈兰岛（见图20）。海湾有易北河和威悉河两条较大河流注入，西南隅还有埃姆斯河流入。

威悉河口东侧有不来梅外港，是德国第二大港，也是德国最大的渔业基地和第二次世界大战期间德国主要的海军基地。从港外灯船到外港的航道长67千米，宽205米，水深12米，潮差3.3米。从外港进入市区的航道长60千米，宽80米，吃水10.7米的船舶可通行。货物年吞吐量7 876万吨，集装箱运输量578万标箱（2013年），是欧洲最大的集装箱吞吐港之一。河口附近还有威廉斯港、诺登哈姆港和布拉特港等港口。

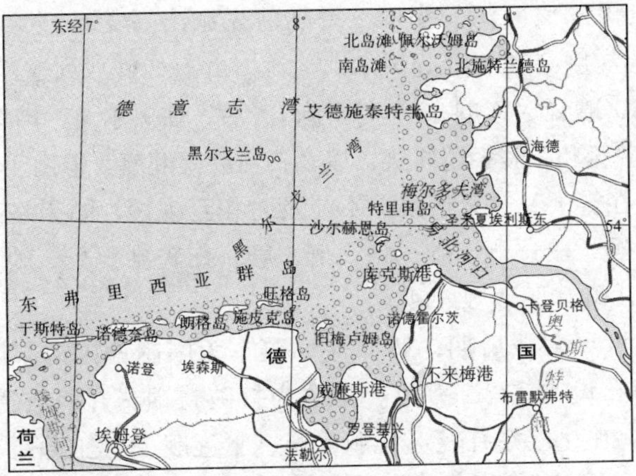


图 20　黑尔戈兰湾

易北河长 1 165 千米，是德国第一大河，也是欧洲重要河流之一，离河口 104 千米处有汉堡港。汉堡是德国最大港市，年货物吞吐量 1.38 亿吨、集装箱 880 万标箱（2015 年），占全国海港吞吐量的 40%，有“德国迈向世界的门户”之称，它还是全国商业中心和造船工业基地。易北河口有海军基地库克斯港和布伦斯比特尔科格港。后者位于世界第三大国际通航运河——基尔运河的西南出口处，向东北经基尔运河可达波罗的海。基尔运河亦称北海—波罗的海运河，可缩短两海之间经诸海峡的航程 370～650 千米。每年通过运河的船舶几万艘，年货运量达几千万吨。

黑尔戈兰湾是波罗的海经基尔运河通北海和大西洋的必经之地，又有汉堡、不来梅等重要港口，也是德国西出北海、大西洋的出海口，历来是德国的海上重地。这就使自然条件并不太好的黑尔戈兰湾具有重要的战略意义，在战时则可能成为重要的海上战场。

第一次世界大战初期，1914 年 8 月，

**海湾名片**

| | |
|---|---|
| 湾名 | 黑尔戈兰湾 |
| 位置 | 北大西洋东北部，北海东南侧 |
| 城市 | 不来梅 |
| 港口 | 汉堡港（离易北河口 104 千米）、不来梅港、威廉港、诺登哈姆港、布拉特港 |
| 海军基地 | 不来梅、库克斯港、布伦斯比特尔科格港 |

英国海军准备在比利时西部德国舰艇的驻泊地奥斯坦德实施登陆，以切断德军来自黑尔戈兰湾的支援，登陆前先派出一支轻型兵力（驱逐舰35艘、轻巡洋舰2艘）奔赴黑尔戈兰湾，并有5艘战列巡洋舰、5艘铁甲巡洋舰和7艘轻巡洋舰支援。德军得悉后，在黑尔戈兰湾集结19艘驱逐舰、8艘潜艇和7艘轻巡洋舰，以及扫雷舰等舰艇。但由于德军兵力部署太分散，在雾天又缺乏侦察，不能及时相互支援，结果在战斗中损失轻巡洋舰3艘、驱逐舰1艘、扫雷舰1艘，伤轻型舰只5艘。而英军仅伤轻巡洋舰1艘和驱逐舰3艘。

第一次世界大战后期，1917年，英军为限制德国海军的行动，在黑尔戈兰湾布设水雷2.2万枚。德国为打破封锁，开辟航道，于11月派出扫雷舰20艘，并有轻巡洋舰4艘、驱逐舰11艘的编队进行警戒。英军为破坏德军的扫雷行动，派出战列巡洋舰5艘、巡洋舰2艘、轻巡洋舰8艘和驱逐舰19艘，于17日驶近雷区，利用阴暗天气出其不意地接近德国编队，向德舰开炮。德军施放烟幕撤退。英军停止追击，德军向英舰开火，双方交战。由于能见度差，英军被迫撤退。此次海战，德国扫雷舰1艘被击沉，数艘巡洋舰被击伤，数艘英舰受重创。

## 6. 比斯开湾　B. of Biscay
### ——多风暴的海湾

比斯开湾位于欧洲西岸，略呈三角形。东北边为法国西海岸，略呈弧形向东北凸出；南边为西班牙北海岸，比较平直，长约575千米；西北以法国布列塔尼半岛西边的韦桑岛与西班牙西北端的奥特加尔角连线为界，西连大西洋，北接凯尔特海，面积22.3万平方千米（见图21）。

比斯开湾东岸陆地低平，为法国的卢瓦尔平原和加龙平原，有卢瓦尔河、加龙河、阿杜尔河等河流注入，多沙滩。比利牛斯山脉向西延伸的坎塔布连山脉迫近比斯开湾的南海岸。南岸沿海平原狭窄，无大河注入。

湾底东北浅，西南深。沿北部布列塔尼半岛海岸的大陆架宽160千米；南部大陆架狭窄，宽不足56千米。深海平原水深约4 500米，约占海域总面积的一半，最深点在中部偏南处，深 5 098 米。

沿海地带为冬暖夏凉的海洋性气候。以多风暴著名。猛烈的暴风时速高达 113 千米。一年中任何时候均可发生威胁航行的雷暴。西班牙沿岸的大风更加变幻莫测，雷暴更多。水温：2 月 5～13 ℃，8 月 10～22 ℃。海流受北大西洋环流影响，在湾内作顺时针方向运动。但受风的影响，流向常有变化，在湾口航线上，随时可能遇到来自任何方向的海流。在西班牙北部沿海，冬季强大的西风造成向东推进的漂流，流速可达 8 千米 / 小时。潮汐自北向南减弱，在韦桑岛附近的法国海岸，大潮高达 6 米，至海湾东南角的比亚利茨附近，潮高 3.6 米。表层盐度约 35‰。

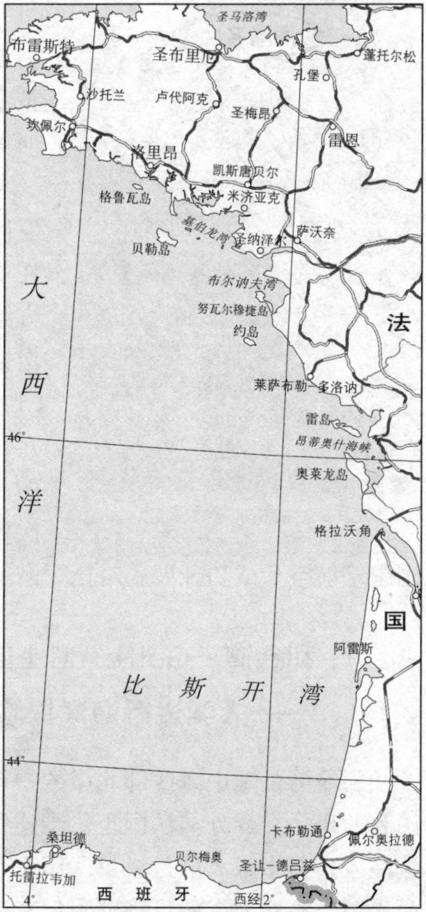

图 21　比斯开湾（局部）

比斯开湾沿海渔业发达，产沙丁鱼、金枪鱼、鳀鱼、狗鳕、鳕鱼，以及龙虾、牡蛎等。

从史前时代以来，欧洲大西洋沿岸居民就在比斯开湾上频繁往来，有许多重要航线通过海湾。沿岸重要海港有：布雷斯特，法国重要商港、仅次于土伦的第二大军港拥有能建造包括核动力航空母舰在内的舰艇的造船厂，是法国海军大西洋舰队司令部驻地；波尔多，位于加龙河下游，法国西南部铁路枢纽，重要的造船和酿酒中心，航空、化学、石油工业发达，港口年货物吞吐量 900 万吨（2014 年）；毕尔巴鄂，西班牙第二大海港，全国最大钢铁工业中心，港口年货物吞吐量达 3 200 万吨

**海湾名片**

| | |
|---|---|
| 湾名 | 比斯开湾 |
| 位置 | 北大西洋东北部 |
| 面积 | 22.3万平方千米 |
| 水深 | 平均1 510米 |
| 潮汐 | 半日潮 |
| 港口 | 法国的布雷斯特、波尔多、南特、洛里昂、巴约内、拉罗谢尔，西班牙的毕尔巴鄂、圣塞瓦斯蒂安、桑坦德、希洪和阿维莱斯 |
| 海军基地 | 法国的布雷斯特 |

（1991 年）。其他海港还有法国的南特、洛里昂、巴约内、拉罗谢尔，西班牙的圣塞瓦斯蒂安、桑坦德、希洪和阿维莱斯等。

比斯开湾位于英吉利海峡和直布罗陀海峡之间，战略地位很重要。早在 1702 年，英荷联军就曾在该湾西南方维哥港袭击法国战列舰和西班牙满载白银的大帆船而获成功。七年战争期间（1756—1763 年），法国企图登陆英格兰，但被英舰发现，在该湾法国西海岸的基伯龙湾展开战斗，法军失败。第二次世界大战期间的 1943 年 5—8 月，英国岸基航空兵成功开展了对德军潜艇通过比斯开湾的反潜战。

## 7. 利翁湾　Golfe du Lion
## ——人类进行海洋探险和研究最早的海湾

利翁湾是地中海西部北岸的一个宽阔海湾，在法国南部沿岸，以法国和西班牙交界处与法国土伦港连线为湾口，接地中海。海湾有许多河流注入，其中最大的是纵贯法国东部、长 812 千米的罗讷河，于马赛以西入湾。湾西北岸的贝济耶附近有运河沟通横穿法国南部的加龙河，通比斯开湾，但不通航。

利翁湾海岸类型有多种。湾西侧有比利牛斯山脉的最东部余脉逼近湾岸。湾的北岸两端为潟湖海岸，岸内多潟湖；北岸中段为罗讷河三角洲海岸；北岸东段为石灰岩丘陵海岸。

湾域平均气温：冬季 13℃，夏季 22℃。海水平均盐度 37.7‰。

海湾临近希腊、罗马古文明发祥地，很早就有人类海洋活动，是中世纪以前地中海航海鼎盛时期人们主要的海洋活动海区之一。公元前 320 年，希腊天文学家皮特阿斯就从马赛出发，通过直布罗陀海峡进入

**海湾名片**

| 湾名 | 利翁湾 |
| --- | --- |
| 位置 | 地中海西部北岸 |
| 水深 | 大部不超过500米 |
| 城市 | 马赛、土伦 |
| 港口 | 马赛(法国第一大港)、土伦、塞特、圣路易、拉努韦勒等 |
| 海军基地 | 土伦 |

北海，开始了在东大西洋最早古代科学的航海大探险。18 世纪，意大利人马尔西格利就曾在利翁湾测得 220 米深处的水温。1744 年 2 月，奥地利王位继承战争期间，英地中海舰队与法西联合舰队曾发生过土伦海战。1820 年前后，法国物理学家博丹在马赛附近测得海水声速为 1 500 米 / 秒。

利翁湾沿岸有许多法国港口，如马赛港、土伦港、塞特港、圣路易港、拉努韦勒港、旺德尔港等，其中以马赛港和土伦港最为重要。

马赛是法国第二大城市、第一大港，公元前 6 世纪就已有马赛的记载，1832 年就已成为世界级大港。马赛是法国的炼油和石油化工中心，钢铁、化学、飞机部件、食品、纺织工业发达；又是法国的铁路、航空枢纽，港口年货运量约 8 200 万吨（2002 年），客运量约 250 万人次（2015 年）。

土伦是法国主要海军基地之一，建于公元前 9 世纪，3 世纪为罗马海军站，1478 年归并法国，成为法国在地中海的一个军港。1793 年 12 月法国大革命时，拿破仑在此粉碎保皇党，并击退英国和西班牙舰队。1798 年此处为拿破仑远征埃及的出发地。第二次世界大战中，法国地中海舰队大部分舰艇驻泊于此。1942 年 11 月 27 日，为免遭德军所获，法海军自己炸毁了军械库，自沉了停在港内的 73 艘舰艇，并于战后重建。第二次世界大战期间的 1943 年，盟军在附近实施登陆作战获得成功，加速了法国的解放和战胜德国的进程。现军港码头长 14 千米，是法国地中海地区最大的军港，驻有航空母舰和核潜艇等，是法地中海舰队司令部驻地。2007 年 9 月、2013 年 4 月，中国人民解放军海军舰艇编队曾两次抵达法国土伦港进行友好访问。土伦港同时也是客运港和货运港，平时更多停靠游艇和渔船。

## 8. 热那亚湾 G. di Genova
### ——欧洲大陆的南大门

热那亚湾是地中海利古里亚海北部的海湾，自意大利西北海岸圣雷莫向东延伸145千米至拉斯佩齐亚，是意大利最优良的港湾。湾口朝南，隔利古里亚海与法国的科西嘉岛相望。沿海有狭窄的平原，亚热带植物繁茂，且多花卉栽培和园艺业，景色秀丽，多海滨浴场，是世界著名的疗养地和旅游胜地。战争期间，该海湾也是战略要地，第二次世界大战期间的1941年，就曾发生过英国海军袭击意大利热那亚海军基地的海战。湾域有热那亚、萨沃纳、拉斯佩齐亚等港口，其中最重要的是热那亚和拉斯佩齐亚。

**海湾名片**

| | |
|---|---|
| 湾名 | 热那亚湾 |
| 位置 | 地中海西部利古里亚海北部 |
| 面积 | 45平方千米(港区水域) |
| 环境 | 沿岸景色秀丽，多海滨浴场，是世界著名的旅游胜地 |
| 城市 | 热那亚 |
| 港口 | 热那亚 |
| 海军基地 | 拉斯佩齐亚 |

热那亚是意大利利古里亚区和热那亚省的首府，位于热那亚湾北岸，工业发达，是意大利最大的造船工业中心，其他还有机器制造、冶金、炼油、化工、钢铁和水泥工业。热那亚与米兰、都灵组成的三角工业地带是意大利经济重心所在。铁路和公路连接法国、瑞士和本国主要城市。

热那亚港是意大利最大的商港，欧洲大陆的重要海上门户。公元前3世纪罗马人就在此定居，且是其舰队司令部驻地。20世纪已是意大利的主要海港，现是地中海沿岸仅次于法国马赛的第二大港和内陆国瑞士通往地中海的主要出口港。港口有突堤20座，码头线长33.2千米。港内水深15米，可泊200艘船只，年货物吞吐量5 200万吨（2014年）。油港水深15米，可停靠25万吨级油轮，海上还建有50万吨级油轮深水泊位，并有油管通陆地管网。

热那亚地区气候温和，平均气温：1月7.5℃，7月24.4℃。年降水量约1 200毫米。热那亚港内无涌浪，平均潮差不超过0.3米。

拉斯佩齐亚是意大利的重要海军基地，意第勒尼安海军军区的军港。港口东北侧为商港，年货物吞吐量 1 500 万吨、集装箱 130 万标箱（2013 年）；西侧是军港。基地有潜水救助指挥部和训练设施。北大西洋公约组织的反潜中心设于此。郊外的卢尼驻有意大利海军航空兵基地和舰载直升机飞行中队。

## 9. 塔兰托湾 G. di Taranto
## ——地中海的战略要地

塔兰托湾自古就以海洋军事要地而闻名世界。它位于欧洲南部亚平宁半岛的南端（见图 22）。若把半岛比喻成一只长筒靴的话，塔兰托湾就是靴底中间的凹进部分。湾的轮廓略呈方形，东北、西北、西南三面环陆，东南面向地中海，以圣玛丽亚—迪莱乌卡角与克罗托内连线和伊奥尼亚海分界。

图 22　塔兰托湾

湾中有重要的海军基地塔兰托，因位居地中海中部，自古就是战略要地。早在公元前 4 世纪，这个地区的经济和军事实力就很强盛。6—10 世纪，它在哥特人、拜占庭人、伦巴人和阿拉伯人之间反复易手；拿破仑战争时是法国海军基地；第一、二次世界大战中是意大利最重要的海军基地之一。1940 年 10 月，意大利军队从这里入侵希腊；11 月，为了保卫埃及和希腊之间的交通线，英国航空母舰上的航空兵对塔兰托基地

**海湾名片**

| 湾名 | 塔兰托湾 |
| --- | --- |
| 位置 | 欧洲南部亚平宁半岛的南端 |
| 长 | 约140千米 |
| 宽 | 约140千米 |
| 面积 | 约2万平方千米 |
| 海军基地 | 塔兰托 |

进行了突袭，击伤、击毁意大利军舰5艘。通过这次袭击，英国舰队在地中海确立了优势。第二次世界大战期间，1940年，意大利向英、法宣战后，英国为保障地中海交通线的安全，使用舰载航空兵袭击了塔兰托港内的意大利军舰；1943年9月，意大利宣布投降后，英军在塔兰托实施登陆战役。现在，塔兰托仍然是意大利最重要的军港之一，也是北大西洋公约组织在地中海的一个重要基地。同时，塔兰托拥有意大利最大的钢铁企业和军工厂，还有造船、机器制造、化工等工业，湾内盛产牡蛎和蛤贝，输出葡萄酒、橄榄油等。此外，其他港口还有克罗托内、加利波利等。

## 10. 威尼斯湾 G.di Venezia
## ——以“水城”闻名世界的海湾

威尼斯湾是地中海支海亚得里亚海西北端的海湾。西、北岸是意大利海岸，东侧是斯洛文尼亚和克罗地亚海岸。湾口西起自意大利的波河三角洲，东至克罗地亚的伊斯特拉半岛南端。海湾有波河、阿迪杰河、皮亚韦河、塔利亚门托河等河流注入，其中以波河最大，它横贯意大利北部。沿岸多沼泽、沙嘴和潟湖。湾内多港口，重要港口有威尼斯、的里雅斯特和普拉。

**海湾名片**

| | |
|---|---|
| 湾名 | 威尼斯湾 |
| 位置 | 地中海东部亚得里亚海西北端 |
| 宽 | 95千米 |
| 城市 | 威尼斯 |
| 港口 | 意大利的威尼斯、拉韦纳、的里雅斯特，斯洛文尼亚的科佩尔，克罗地亚的普拉等 |
| 军事基地 | 海军基地威尼斯、海空军基地普拉 |

威尼斯市区建于离陆地4 000米的118个小岛上，有177条水道贯通其间，400多座桥梁将其连成一体，以舟代车，有“水上城市”之称。威尼斯于公元6世纪兴起，为地中海贸易中心之一。威尼斯商人长期活跃在地中海的中东地区。文艺复兴运动后，拥有商船3 000艘，几乎独占东地中海的贸易。20世纪60年代以来，它成为北部意大利的重要工商业城市，工业有冶金、造船、石油加工、纺织、玻璃等。其海运自古发达，现港口辟有深水

航道、专用码头和自由港区，年货物吞吐量 3 000 万吨（2011 年）。附近的马尔盖拉港是重要的油港和客运港。市区气候温和，平均气温：1 月 4℃，夏季 25℃。年降水量 734 毫米。市内多建筑古迹，旅游业发达，年游客量达几百万。

的里雅斯特位于湾的东北岸，是工商业中心和弗留利—威尼斯—朱利亚区首府，亚得里亚海的重要贸易港口，也是中南欧一些国家的货物转口港，年货物吞吐量 5 658 万吨、集装箱 33.6 万标箱（2013 年）。

普拉是克罗地亚西部的重要港市，19 世纪已是奥匈帝国的重要军港，现是克罗地亚的海空军基地，也是全国最大的造船工业中心。港湾宽阔，水深 15～35 米，入口处宽 500 米。湾口有布里俄尼群岛屏障，是一个优良的港口。港内常驻泊岸防巡逻艇、扫雷艇、登陆艇等。市内还保存着古罗马和拜占庭时期的历史遗迹，是著名的旅游和疗养胜地。

## 11. 萨罗尼科斯湾 Saronikos Kolpos
## ——希腊政治、经济、军事的核心地域

萨罗尼科斯湾位于爱琴海西部，略呈西北—东南走向。西南为伯罗奔尼撒半岛，东北为阿提卡半岛（见图 23）。东南为湾口，连爱琴海，湾南 240 千米处为军事要地克里特岛，岛西是爱琴海出地中海的重要通道基西拉海峡和安迪基西拉海峡。西北经科林斯运河、科林斯湾（又译科林西亚湾）和帕特雷湾，连伊奥尼亚海。海湾没有较大河流注入。海岸主要为曲折的岩岸。湾中有萨拉米斯、埃伊纳和波罗斯等岛屿。气候属亚热带地中海型气候，平均气温：1 月约 10℃，7 月 28℃。年平均降水量约 350 毫米。湾北面和西北面有埃莱夫西斯和迈加拉港。湾内主要港口是萨拉米斯岛东面的雅典港和比雷埃夫斯港。

图 23　萨罗尼科斯湾

雅典位于萨罗尼科斯湾的东北岸，是希腊的首都和最大的城市，全

**海湾名片**

| 湾名 | 萨罗尼科斯湾 |
| --- | --- |
| 位置 | 地中海东部的爱琴海西部 |
| 长 | 80千米 |
| 宽 | 约50千米 |
| 气候 | 夏季炎热干燥，冬季温和多雨 |
| 城市 | 雅典 |
| 港口 | 雅典、比雷埃夫斯 |
| 军事基地 | 雅典海空军基地，比雷埃夫斯、萨拉米斯海军基地 |

国的政治、经济、文化中心和交通枢纽，也是地中海地区的商业中心和东地中海的航运中心，且是历史名城。公元前12世纪这里已形成雅典的雏形；公元前5世纪成立雅典帝国，为地中海地区的强国；公元4世纪属拜占庭帝国；1830年成为希腊王国的首都；现还是希腊的海空军基地。城南的航空港能保证昼夜在复杂气象条件下起降。根据1953年美希协议也用作美空军支援基地，驻有美军第7206空军职员大队。港口分内港和外港，主要是外港。

比雷埃夫斯是雅典的外港，位于雅典城区西南方8千米处。陆地被山地环绕，海上有岛屿屏障，形势险要。比雷埃夫斯与开罗、那不勒斯、马赛、伦敦之间都有定期航运，是希腊最大的对外贸易港，年货物吞吐集装箱210.8万标箱（2012年）。该港又是希腊最重要的海军基地，驻有希腊海军舰艇，美军运往希腊的物资常在比雷埃夫斯装卸和储存。

比雷埃夫斯港西方5海里的萨拉米斯岛上有萨拉米斯海军基地。公元前480年，希腊和波斯在萨拉米斯北方海面进行海战，希腊取得胜利，建立了对爱琴海的控制权。第二次世界大战中，萨罗尼科斯湾的希腊军舰曾被德军轰炸；现为希腊海军舰队司令部驻地，常驻泊有潜艇、驱逐舰和护卫舰，还有海军后勤司令部、训练司令部和海军学校。

## 12. 塞尔迈湾 Thermaikos Kolpos
## ——希腊北部门户、东南欧出口通道

塞尔迈湾位于希腊东北部，巴尔干半岛南部东岸与哈尔基季基半岛之间，略呈西北—东南走向。湾口朝东南，连爱琴海；湾首向东北端延伸是塞萨洛尼基湾（亦译萨洛尼卡湾），长约16千米，宽8千米。湾域平均气温：1月约6℃，7月约28℃。年平均降水量约450毫米。

塞尔迈湾岸多山地和沼泽，少天然港湾，几乎没有大城市和港口，仅有帕拉利亚小港市，是皮埃利亚平原的烟草业中心。北面有大盐场。加利科斯、哈尔基季基河注入塞洛尼基湾；瓦尔瓦尔、卢基亚斯、阿利阿克蒙和皮尼奥斯等河流注入塞尔迈湾；经卡桑德拉运河与东面的卡桑德拉湾沟通。

塞洛尼基湾顶有希腊第二大城市塞萨洛尼基（原名萨洛尼卡），地处东南欧国家出爱琴海的要道上，是希腊北部门户、工业和交通中心。工业有机械制造、冶金、造船、炼油等。铁路通巴尔干北部各邻国和土耳其。1901年建港，现有码头6座，10多个泊位。码头水深7.6~11.6米。年货物吞吐量1 451万吨（2013年）。

**海湾名片**

| | |
|---|---|
| 湾名 | 塞尔迈湾 |
| 位置 | 地中海东部爱琴海北部 |
| 长 | 100千米 |
| 宽 | 最宽处约65千米 |
| 资源 | 北部有大盐场 |
| 城市 | 塞萨洛尼基 |
| 港口 | 塞萨洛尼基 |
| 军事基地 | 塞萨洛尼基海空军基地 |

塞萨洛尼基是一座古城，建于公元前316年；公元1430年后成为奥斯曼帝国的一部分；1912年第一次巴尔干战争后才被希腊收复；第一次世界大战时是协约国在黑海海峡作战的主要基地；1941年为德国占领，1944年德军曾在此屠杀大批犹太人。

海湾以东240千米处为著名的达达尼尔海峡，战略地位重要。塞萨洛尼基现为希腊北部重要的海空军基地。美军也常用此港。空军基地在郊区。

## 13. 苏尔特湾 Khalij Surt
## ——非洲北岸最大的海湾

苏尔特湾又称锡德拉湾，因第二次世界大战期间的两次苏尔特湾海战和战后的多次武装冲突而闻名于世。

苏尔特湾是非洲地中海沿岸最大的海湾，居利比亚海岸中段（见图24）。1942年3月20日，英国一支护航运输队从亚历山大出发西进，受到了意大利海军舰艇编队的截击。英两艘巡洋舰受伤，两艘驱逐舰重创，退出战斗。意舰非战斗损失严重，数艘驱逐舰在返航途中被狂涛恶

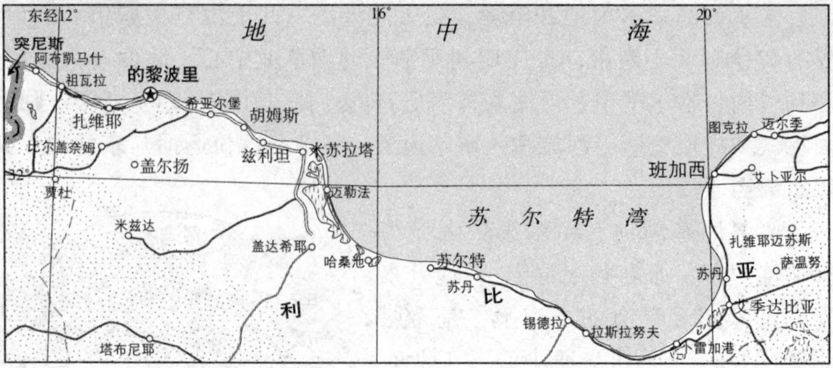


图 24 苏尔特湾

浪毁坏，有的沉没。1948 年 12 月 16 日，意大利海军一支护航运输队从那不勒斯出发，前往班加西和的黎波里，17 日发现一支英国从亚历山大开往马耳他岛的护航运输队正在西进，又发现从马耳他岛出发的接替护航的舰艇编队东行，于夜间用远程炮火交战，但双方各顾己方运输船的安全，彼此相安无事。但是接应运输队的英舰完成任务后又杀了回来，向南疾驶，企图对开往的黎波里的意舰队实施奔袭。在距离的黎波里 15 海里时，英舰闯入雷区，造成巡洋舰、驱逐舰各 1 艘沉没，重创驱逐舰 2 艘。此次海战后，德意更加强了对马耳他岛的封锁。1973 年 11 月 9 日，利比亚政府宣布：北纬 32° 30′以南的整个苏尔特湾是利比亚的内海。但美国对此不予承认，只承认 12 海里领海权。1981 年 8 月 19 日，美国派出第六舰队到苏尔特湾举行军事演习。美机遭到利比亚空军的拦截，两架利比亚战斗机被击落。1983 年 8 月 2 日，在苏尔特湾上空，美国的两架战斗机拦截了利比亚的两架战斗机，并迫使它们飞回利比亚境内。1986 年 3 月 23 日，美国航空母舰上起飞的攻击机在苏尔特湾上空击沉击伤利比亚海军导弹艇 4 艘，并摧毁了利比亚一地—空导弹阵地。1986 年 4 月 15 日，美国海军战斗机和攻击机 20 余架，摧毁了 6 座地面雷达站和 5 个军事目标。1989 年 1 月 4 日，美国从航母起飞的舰载机，在离利比亚东部城市奔巴以北 200 千米的海域巡逻，遭到利比亚飞机的拦截，美机用导弹击落了两架利比亚飞机。

苏尔特湾伸入陆地 115 千米，是一个开阔海湾。岸线平直，湾底平坦无岛礁。湾内蕴藏有石油和天然气。沿岸有班加西、卜雷加、苏尔特、拉斯拉努夫等港口，都有输油管通内地各油田，利比亚所产石油的绝大部分从这些港口输出。其中班加西更为重要，是利比亚的第二大城，有渔业加工、食品和烟草等工业，除输出石油外，还输出畜产品。2011 年的利比亚战争，美国导弹驱逐舰的入侵和此后法英等多国军队的海空干预，多经苏尔特湾到班加西、的黎波里等利比亚经济政治中心的沿湾地带。

**海湾名片**

| | |
|---|---|
| 湾名 | 苏尔特湾 |
| 位置 | 地中海南岸，利比亚海岸中段 |
| 宽 | 最宽处465千米 |
| 资源 | 石油和天然气 |
| 城市 | 班加西 |
| 港口 | 班加西、卜雷加、苏尔特、拉斯拉努夫 |

利比亚的石油开采在国家经济中占有特别重要的地位，利比亚是世界主要石油生产国之一，石油出口占出口总额的 99%。因而，苏尔特湾在利比亚有特殊重要的意义。

## 14. 几内亚湾　Gulf of Guinea

### ——非洲第一大湾，世界沿岸国家最多的海湾

几内亚湾位于大西洋东部，依非洲西海岸（见图 25），与大西洋的分界线是西端利比里亚的帕尔马斯角和东端加蓬的洛佩斯角的连线。湾口宽达 1 800 千米，但纵深很小，最大处也不足 700 千米。

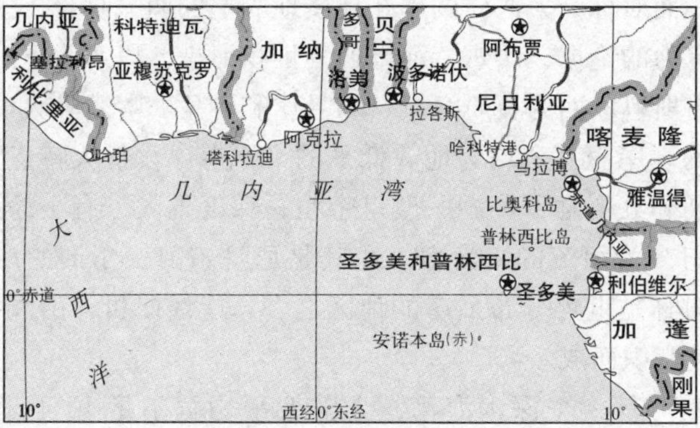


图 25　几内亚湾

## 海湾

海湾沿岸自西向东有利比里亚、科特迪瓦、加纳、多哥、贝宁、尼日利亚、喀麦隆、赤道几内亚、加蓬，以及岛国圣多美和普林西比 10 个国家。古代腓尼基、罗马人商船队曾航行到此。15 世纪欧洲殖民者入侵后，这里成为西非—美洲间的贸易通道，沿岸成为殖民者掠夺胡椒、黄金、象牙及贩卖奴隶的重要基地，故而不同地段被分别称为“胡椒海岸”“黄金海岸”“象牙海岸”和“奴隶海岸”。

**海湾名片**

| | |
|---|---|
| 湾名 | 几内亚湾 |
| 位置 | 大西洋东部，非洲西岸 |
| 湾口宽 | 约1 800千米 |
| 面积 | 约67万平方千米 |
| 水深 | 最深处6 363米 |
| 资源 | 石油和天然气，金、金刚石、铀、锰、锡、铁、铝土矿，沙丁鱼和金枪鱼 |

注入几内亚湾的河流众多，水量较丰，主要有：萨桑德拉河、邦达马河、科莫埃河、塔诺河、沃尔特河、莫诺河、韦梅河、尼日尔河、萨纳加河、奥果韦河等。其中尼日尔河长 4 160 千米，为仅次于尼罗河和刚果河的非洲第三大河。面积 3.6 万平方千米的尼日尔河巨大三角洲，将几内亚湾首分隔成两个较小的海湾——西侧的贝宁湾和东侧的邦尼湾。邦尼湾首喀麦隆滨海的喀麦隆活火山海拔 4 070 米，是西非第一高峰。它向邦尼湾中部及南偏西方向延伸，形成以比奥科岛、普林西比岛和安诺本岛组成的火山岛弧。

几内亚湾海岸线长 3 000 余千米。岸线走向与南美巴西、圭亚那海岸线恰成镜面对称。大西洋两岸在地质地貌上的明显吻合，为大陆漂移说提供了有力的论据。沃尔特河以西为堆积海岸，以东为下沉海岸。科特迪瓦弗雷斯科以西为石质海岸，多悬崖和岬角。喀麦隆火山和火山岛弧为较陡的岩岸。其余均为地势低平的平原海岸，最大特点是多沙洲、沙嘴、潟湖和红树林。潟湖一般呈带状，深度不大，有小岛散列其中。沙嘴的缺口多为河流的入海口。尤其是尼日尔河三角洲的海岸最为典型，其红树林是世界分布最广的地区之一，岸线曲折，由潟湖、港汊、沙坝、沙嘴交织而成。

几内亚湾是一个深水海湾，大陆架平均宽不足 40 千米，最宽处 160 千米。主要沉积物是第四纪泥沙，边缘处有全新统线状化石珊瑚礁。其西部急剧下降到深 4 000 米的几内亚海盆，最深处在加纳三尖角外侧约 130 千米附近，深达 6 363 米。

赤道从几内亚湾南部的圣多美岛南端近岸处通过，海湾地处赤道带，气候湿热，年平均气温 24 ~ 30℃；几内亚湾位于赤道季风区，盛行西南季风，无强风暴。降水量大，年降水量一般都在 1 500 ~ 3 000 毫米，只有加纳阿克让、多哥沿岸等地区少于 1 000 毫米，尼日利亚沿岸的一些地区多达 4 000 毫米以上。喀麦隆火山西麓西南季风迎风面和赤道几内亚比奥科岛南部山地迎风坡年降水量高达 10 000 毫米以上，是世界降水量最多的地区之一。一年内有两个雨季，分别在 3—7 月和 9—11 月。

几内亚暖流是大西洋赤道逆流的向东延续，自西向东流经海湾北部，流向东南，本格拉寒流自南方流经海湾南部，再向西流去。平均水温 25 ~ 26℃，盐度 34‰ ~ 35‰。近岸因降水量大，有众多河流注入，盐度一般为 30‰。

几内亚湾地处热带，沿岸各国盛产咖啡、可可、棕榈油、油棕、天然橡胶、甘蔗、椰子、花生等经济作物，其中可可豆和棕榈油产量位于世界前列，咖啡和天然橡胶产量位于非洲前列。由于海水浑浊，含盐度低，不利于珊瑚礁发育，动物区系较贫乏，近海渔业不发达，仅限于狭窄的大陆架上用小型船只捕捞，主产沙丁鱼和金枪鱼，还有西非海鲷和鲔等。海岸地带矿产比较丰富，金、金刚石、铀、锰、锡、铁、铝土矿在非洲占有重要地位，其中金刚石产量位于世界前列。近海大陆架上有丰富的石油和天然气，科特迪瓦、喀麦隆等国已经开采。尼日利亚油田范围约 10 万平方千米，主要是近海油田，1958 年就已开采，1979 年产量曾创 1.14 亿吨的历史最高水平。此后由于物价下跌，产量减少，如 1983 年为 6 160 万吨，1990 年为 8 654 万吨。此外，沿海旅游业开始兴盛起来，如多哥的潟湖、浅滩上的游乐活动等。

由于海岸与内陆之间大多被潟湖、浅滩和茂密的红树林阻隔，沿岸缺少优良港湾，航海活动不够方便。又因沿岸国都是发展中国家，腹地也不大，缺少大型港口。主要港口有：拉各斯，尼日利亚最大港口，年货物吞吐量 3 500 万吨（2008 年）；哈科特港，尼日利亚的重要石油输出港，年货物吞吐量 3 200 万吨（2013 年）；阿比让，科特迪瓦的首都，西非最大天然良港，年货物吞吐量 900 万吨（2012 年）；特马，加纳首都的外港，西非最大的人工港之一，年货物吞吐量 500 万吨（2012 年）；杜阿拉，承担着喀麦隆 90% 的进出口运输，年集装箱运输量 33.8 万标箱（2013 年）。其他港口还有科特迪瓦的圣佩德罗、萨桑德拉，加纳的塔科拉迪，多哥的洛美，贝宁的科托努，尼日利亚的卡拉巴尔，赤道几内亚的马拉博，圣多美和普林西比的圣多美，加蓬的利伯维尔、奥文多和让蒂尔港等。

## 15. 福尔斯湾　False Bay
## ——好望角旁的良好避风海港

福尔斯湾位于非洲最南端，在南非开普半岛以东，东、北岸为非洲大陆，湾口朝南，面向大西洋，其东南 130 千米处为大西洋和印度洋的交界处厄加勒斯角。海湾属地中海型气候，平均气温 1 月 33℃，7 月 8℃。夏季盛行东南风，冬季盛行西北风。年平均降水量约 800 毫米。海湾三面环山，避风条件良好。

湾西岸开普半岛南端为世界闻名的好望角。好望角以南海域，近岸多礁石、浅滩；常有强劲的偏西风及其伴生的狂浪和涌[①]，一般浪高达 2 米以上，其中每年有 110 天狂浪高 6 米以上；流向西南的海流流速也很大，东北季风时可达 4 ~ 5 节；其东南部海域地磁偏差也较大，磁差偏西达 25° ；据史料记载，航道上还曾发现冰山和浮冰。综上情况，该海域为世界航行最危险的海域之一。但在 1869 年苏伊士运河通航前，这里是大西洋和印度洋之间的唯一海上航道，航运价值很大。现虽有苏伊士运河联系两洋，来往于两洋之间的通过该水道的大型货轮和油船每年仍有约 2.5 万艘，故现仍不失为世界重要的交通和战略要

**海湾名片**

| | |
|---|---|
| 湾名 | 福尔斯湾 |
| 位置 | 非洲最南端 |
| 湾口宽 | 约32千米 |
| 城市 | 开普敦，南非第一大城市 |
| 港口 | 西蒙斯敦港，非洲最优良港口之一 |
| 海军基地 | 西蒙斯敦 |

地。因此，1986年美国海军仍将其宣布为要控制的全球16个海上航道咽喉之一。

好望角以北20千米、开普半岛东岸有著名的海军基地西蒙斯敦。1741年荷兰人就已将其建为海军基地，1814年英国取代荷兰将其南大西洋海军分遣舰队司令部驻此。1957年基地移交南非管辖，但英国仍保留使用权。20世纪60年代末至70年代初，南非投巨资扩建基地，建立了全球范围的现代化海上监听系统，可控制大西洋和印度洋的海上交通线。

西蒙斯敦港为非洲最优良的港口之一。宽阔的停泊场，水深达12~21米；码头长1 500米，水深11米，可同时停泊50艘舰船，年货物吞吐量7 000万吨（2011年），现驻有潜艇、巡逻舰、扫雷艇，亦作商船和游艇的避风港。

开普半岛基部的开普敦，主要城区虽在西北侧的桌湾岸边，但其城区已扩及福尔斯湾的北岸。开普敦是南非第一大城市，全国工业、商业、文化和教育中心，立法机关所在地（立法首都），是南非重要的空军基地，也是重要的海港，年货物吞吐能力达7 000万吨（1994年）。

## 16. 圣劳伦斯湾　Gulf of St. Lawrence
## ——北美“五大湖”地区的门户

圣劳伦斯湾位于加拿大东岸南部，面向大西洋。西有圣劳伦斯河注入，沿河上溯连接加拿大的许多重要城市，如：处东部海运和河运交点的工业城市魁北克；全国第一大城市，最大海港和金融、工业、商业中心蒙特利尔；首都渥太华；全国第二大工业城市，重要金融、商业、文化中心的多伦多等。并且，这里沟通闻名世界的北美五大湖安大略湖、伊利湖、休伦湖、密执安湖和苏必利尔湖。圣劳伦斯河和五大湖区域是加拿大最发达的地区，也是美国中北部重要的经济区域，有美国全国铁

① 风浪离开风的作用区域后在风力甚小或无风区中继续传播的波浪，或在风作用区内风力显著减小或风停后继续存在的波浪，均称为“涌”。

路枢纽，谷物与牲畜市场，以及中部地区的商业、金融和工业中心芝加哥，美国最大汽车制造业中心底特律等城市。因此，圣劳伦斯湾是大西洋进入整个北美大陆腹地的一个重要门户。

圣劳伦斯湾是一个比较封闭的海湾。北有巨大的拉布拉多半岛，西北有安蒂科斯蒂岛，西是加拿大新不伦瑞克省海岸，南有新斯科舍半岛和布雷顿角岛环抱，东有纽芬兰岛遮挡（见图 26），东北以加拿大拉布拉多的伊莱贾赫角、贝尔岛的东北岩和纽芬兰岛北端的鲍德角的连线经贝尔岛海峡通拉布拉多海。贝尔岛海峡长约 56 千米，宽仅 24 千米；东以纽芬兰岛西南端的钱纳尔角和布雷顿角岛东北端的长角的连线连卡伯特海峡，最窄处仅 51 千米，宽约 92 千米，水深 380 ~ 520 米，通大西洋；南侧以布雷顿角岛的下角和新斯科舍半岛东北端的北坎索灯标的连线接大西洋；西以西经 64° 30′ 经线为界接圣劳伦斯河。

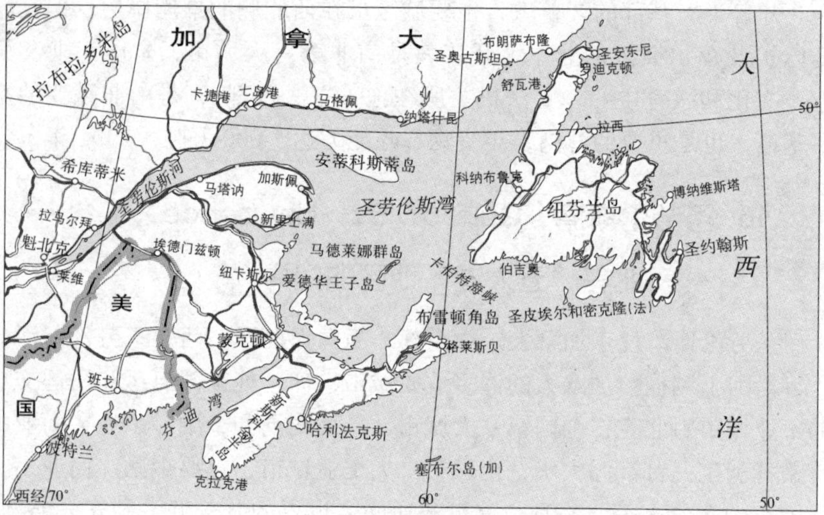


图 26　圣劳伦斯湾

海湾由阿巴拉契亚山脉北端和加拿大地盾南部经过沉降作用而形成，因而海岸非常曲折，海底地形极其复杂。湾中岛屿除湾首的安蒂科斯蒂岛、南口的布雷顿角岛外，大岛还有南部的爱德华王子岛，其他岛屿都比较小。湾内约有一半面积深度超过 200 米。在萨格奈河口有一条劳伦斯海槽，向南绕过安蒂科斯蒂岛，通过卡伯特海峡延伸出去，越过纽芬兰岛以南的整个大陆架；还有一条支沟位于安蒂科斯蒂岛东北面的明根海峡，并有一条分支通过贝尔岛海峡。这些海槽和深沟一般都深于200米，并有许多海盆。调查已经证明，海槽是由冰川侵蚀作用形成的。在宽广的水下台地上，海槽深度一般小于50米，浅滩暗礁广布。沿岸地带和较浅海区的沉积物颗粒较粗，深海槽内沉积有砖红色冰积物，并且上覆全新世的褐色粉沙质黏土。

**海湾名片**

| | |
|---|---|
| 湾名 | 圣劳伦斯湾 |
| 位置 | 北大西洋西部，加拿大东岸南部 |
| 南北长 | 约400千米 |
| 东西宽 | 约400千米 |
| 面积 | 15.5万平方千米 |
| 水温 | -1.6~11℃ |
| 城市 | 加拿大的魁北克、蒙特利尔、渥太华、多伦多、哈密尔顿；美国的布法罗、克利夫兰、底特律、芝加哥和密尔沃基等 |
| 港口 | 上游大港有魁北克、蒙特利尔、多伦多、布法罗、托莱多、芝加哥，沿岸只有小港卡捷港、哈林顿港、卡提尔港、巴斯克港和梅尼埃港等 |
| 海军基地 | 哈利法克斯 |

圣劳伦斯湾地处北纬46°~51°。冬季受大陆气团影响，天气寒冷，1月平均气温约−9~−4℃，气旋活动频繁，天气多变；夏季受大西洋气团影响，7月平均气温约10~15℃；常有浓雾。年降水量约1 000毫米，马格达伦群岛约902毫米。降水季节分配均匀，夏季稍多。

湾内水体除当地降水补给外，还从三条水道得到补充：一是从圣劳伦斯河注入大量淡水，每秒达1.4万立方米；二是拉布拉多寒流的分支从贝尔岛海峡流入，水温在−1.6~11℃变化，盐度27.2‰~34.5‰；三是大西洋和极地水体从卡伯特海峡大量涌入。外流的大部分海水和流冰从卡伯特海峡外泄。湾内海流呈逆时针方向环流：海水沿东北部台地进入圣劳伦斯河口湾，深入到蒙角，有时甚至经魁北克上溯160千米，远及萨格奈河汇流处。河口向南是加斯佩海流，向东南分为三支，从卡伯特海峡流出。海湾中心水体可分为三层：深层水温3.5℃，盐度33.5‰；中层深约50米，水温0.5℃，盐度32.5‰；表层水温随季节变化，盐度较低。湾中一大特点是有大量浮冰，尤其是2月中旬最多。卡伯特海峡的解冻期比贝尔岛海峡早一个月，但由于北风把浮冰推到爱德华王子岛与新斯科舍半岛之间，使这里到5月底才解冻。

圣劳伦斯湾资源丰富。已经开采的矿产有石油，北岸纳塔什昆的沙滩磁铁矿、钛铁矿等。纽芬兰的大西洋底铁矿储量估计有几十亿吨，20世纪60年代末已开始从贝尔岛入口处向外海海底开采。湾内岛屿和沙洲上栖息着各种鸟禽，最著名的是塘鹅。渔业繁盛。主要经济鱼类有鲱、鳕、黑线鳕、鲪(jūn)、鲽鲽、鲐、毛鳞鱼等，还有虾类。纽芬兰岛还是加拿大扇贝养殖中心。圣劳伦斯河口附近已建国家海洋公园。

圣劳伦斯湾所处地理位置虽然十分重要，但湾内航行条件不是很好。通航期仅限于5—12月。而且夏季多雾，常有浮冰，浅滩暗礁广布，是易出沉船事故的航行危险海域。湾内没有大港。小港有：贝尔岛海峡内侧的哈林顿港、安蒂科斯蒂岛上的梅尼埃港、圣劳伦斯河口北岸的卡捷港、卡伯特海峡东北岸的巴斯克港。

湾南新斯科舍半岛外侧的哈利法克斯是加拿大大西洋沿岸的最大港市、加拿大国家铁路的东部终点站，拥有加拿大最大的现代化集装箱码头，军事设施众多，有“北方卫士”之称。第二次世界大战期间，这里曾是同盟国在大西洋的舰艇集结处和护航基地，现为加拿大大西洋舰队司令部所在地和重要的海军基地。

## 17. 切萨皮克湾 Chesapeake Bay
### ——“北约”最高指挥部驻地

切萨皮克湾是美国东部大西洋沿岸最大的海湾，由萨斯哈多内河及其支流的下游谷地沉降、被海水淹没而成。海湾呈南北伸展，南北长320千米，东西宽6~16千米，将北部马里兰州和南部弗吉尼亚州一分为二。湾口在查尔斯角和特拉华半岛的亨利角之间。海湾接纳大小河流150多条，主要有40多条，其中最大的是注入湾首的萨斯奎汉纳河。西岸较大的有詹姆斯河、约克河、帕塔克森特河、拉帕汉诺克河和流经首都华盛顿的波托马克河；东岸较大的有威科米河、楠蒂科克河、查普唐克河和切斯特河。流域北到纽约州，西达西弗吉尼亚州，南可及北卡罗来纳州。

1607年，英国人约翰·史密斯船长在詹姆斯河的一个半岛上建立了居民点。这是英国在北美洲的第一个永久性殖民地——詹姆斯敦。到20世纪中期，人口增加到800万，近50年内又翻了一番。现在它是美国经济发达、交通便利的地区之一，也是重要的城市化地区。海湾北端有美国进出口贸易中心之一的巴尔的摩，17世纪初就已成为出口烟草和粮食的重要中心。独立战争和1812年美英战争期间，造船工业迅速发展，在第一、二次世界大战中成为美国造船和物资供应的重要基地。在巴尔的摩以南45千米处，是马里兰州首府安纳波里斯，是著名的美国海军学院所在地。其右侧，海湾最狭窄处的森代角和肯特岛间建有11千米长的切萨皮克湾桥，连接海湾两岸的交通；其西侧30千米处，即为首都华盛顿及阿林顿、亚历山大里亚城市群；再往南沿詹姆斯河上溯有弗吉尼亚州首府里士满。湾口两侧是诺福克、朴次茅斯、纽波特纽斯港口城市群。诺福克早期就是焦油、木材、皮革和烟草的输出港，后逐步建立起修造船业；在两次世界大战期间建起了庞大的海空军设施；现在是美国重要的工商业中心之一。工业有造船、石油加工和汽车装配等。港区和海军基地面积25.9平方千米，有200多个水深13米的码头。海军基地码头10座，长10千米，可停泊和维修包括航空母舰在内的各种舰船，现已是美国主要的海军基地，是美国大西洋舰队司令部和北大西洋公约组织最高指挥部驻地。诺福克附近有一座横跨湾口的桥梁、人工岛、隧道和高架桥组成的隧道桥，长28千米，连接湾东的特拉华半岛。

**海湾名片**

| | |
|---|---|
| 湾名 | 切萨皮克湾 |
| 位置 | 美国东部大西洋沿岸 |
| 湾口宽 | 17千米 |
| 面积 | 1.1 万平方千米 |
| 水深 | 平均8.5米，最深处53米 |
| 资源 | 蓝蟹最负盛名，此外还有条纹鲈鱼、河鲱、鲱、白鲈、黄鲈、犬牙石首鱼、点鲑鱼、牡蛎等 |
| 环境 | 海洋生物的栖息地不断地开发成海滨娱乐场所，沿岸森林被砍伐，湿地被开垦，城市垃圾和污水排入湾中，湾域严重污染 |
| 城市 | 巴尔的摩、诺福克 |
| 港口 | 诺福克、朴次茅斯、纽波特纽斯 |
| 海军基地 | 诺福克 |

切萨皮克湾海岸非常曲折。东岸地势低平，多岛屿和沼泽地；西岸多半岛和溺谷。北端有运河沟通其北部湾域与特拉华河和特拉华湾，缩

短了巴尔的摩港进入大西洋的航程。

由于众多河流的注入，湾内各部位海水的盐度差别很大。湾口30‰，中部15‰，湾顶仅5‰。

切萨皮克湾水产十分丰富，其中最负盛名的是蓝蟹。美国蓝蟹产量的一半出自该湾。湾内的史密斯岛是世界上最大的蓝蟹捕捞地。蓝蟹是世界上最美味的食品之一。然而切萨皮克湾的蓝蟹正面临着过度捕捞和海水污染的危险。此外，湾内还有灰背野鸭、蓝鹭、鱼鹰、加拿大鹅。然而，人们不断地将这些生物的天然栖息地开发成海滨游船等娱乐活动场所；海湾及河流附近的森林被砍伐；湿地被开垦；城市中工业和生活废物与垃圾、污水排入河流和海湾中；流域农牧业发展，营养丰富的径流通过河流进入海湾，导致浮游藻类急剧增长，阻碍了水下的光源；水下植物消失，藻类死亡和分解时，消耗水中的氧气；而牲畜和家禽的大量粪肥、磷、氮也排入湾中，海水严重污染。海水污染和过度捕捞使水产大大减产。如20世纪60年代至70年代末，河鲱的产量在弗吉尼亚州下降了35%，在马里兰州下降了95%；在70年代，鲱鱼在整个海湾下降了95%；现在，河鲱、条纹鲈鱼已被列为禁捕的品种。但污染问题不解决，只采取禁捕的措施，湾中海洋生物资源的不断减少甚至枯竭，仍然是不可避免的。

### 18. 墨西哥湾　Gulf of Mexico

#### ——最强“湾流”、世界第二的海洋石油产区

墨西哥湾是世界最大的海湾之一，位于北大西洋的最西端，北美大陆的东南岸。它名为湾，实际上与其东南侧的加勒比海在地理特征上非常相似，两者的四周为美洲大陆和岛屿所环绕，所以墨西哥湾和加勒比海有时合称为“美洲地中海”。

墨西哥湾的北和东北侧为美国的南海岸，西和南侧为墨西哥海岸，湾口朝东南（见图27）。湾口的界线为：南口尤卡坦半岛的卡托切角灯塔至古巴岛西岸的圣安东尼奥角的连线为界经尤卡坦海峡接加勒比海；东口德赖托图格斯群岛中奥贝卡浅滩（24°34′40″N,83°W）向南的西

经 83° 经线和该浅滩向东沿佛罗里达半岛南缘的连线为界接佛罗里达海峡。古巴岛居湾口中部。湾形略呈半圆，东西长 1 609 千米，南北宽 1 287 千米，面积 154.3 万平方千米。平均深度 1 512 米，最深点在锡格斯比深渊，深达 5 203 米。海水容积 233.2 万立方千米。

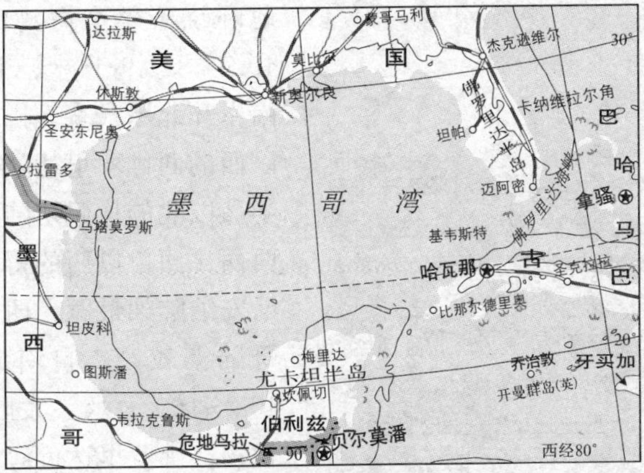


图 27　墨西哥湾

湾的四周陆地地势低平。东北部的佛罗里达半岛原为海底石灰岩台地，因隆起露出水面。整个半岛平均海拔仅 30 米左右。南部尤卡坦半岛也是石灰岩台地，海拔也不高，且从南向北缓倾，湾的沿岸地势也很低平。北岸为宽广的墨西哥湾沿岸平原，地势更为低平。唯有湾的西南岸有东马德雷山脉离岸较近，海拔 5 700 米的奥里萨巴火山距岸约 120 千米。但岸边仍为宽窄不同的沿岸平原。注入的大河有：从北岸注入的长达 6 262 千米的世界第四长河密西西比河，入湾的年平均流量达 1.88 万立方米 / 秒；从西北岸注入的全长 3 030 千米的北美第五长河格兰德河，其中、下游 2 000 多千米河段为美国和墨西哥的界河，墨西哥人叫布拉沃河。注入的其他较大河流还有美国的查特胡奇河、亚拉巴马河、布拉索斯河、科罗拉多河，墨西哥的帕努科河、格里哈尔瓦河、乌苏马辛塔河（中游为墨西哥和危地马拉界河）等。

墨西哥湾的大陆岸线长约 5 000 千米。除坎佩切湾西南岸及其他少数岸段比较平直以外，墨西哥湾的绝大部分海岸为潟湖海岸，岸边多

## 海湾名片

| | |
|---|---|
| 湾名 | 墨西哥湾 |
| 位置 | 北大西洋西端，北美大陆东南岸 |
| 东西长 | 1 609千米 |
| 南北宽 | 1 287千米 |
| 水深 | 平均1 512米 |
| 潮汐 | 全日潮 |
| 潮差 | 0.3~0.6米，世界潮差最小海域之一 |
| 资源 | 石油和天然气、天然硫黄、海洋生物 |
| 城市 | 新奥尔良、休斯敦、坦皮科、韦拉克鲁斯和梅里达 |
| 港口 | 美国的新奥尔良、休斯敦、坦帕、莫比尔、博蒙特阿瑟港、夏洛特港、巴拿马城、帕斯卡古拉、圣乔港，墨西哥的坦皮科、韦拉克鲁斯、夸察夸尔科斯，古巴的哈瓦那 |
| 军事基地 | 海军基地有美国的新奥尔良、彭萨科拉、巴拿马城、基韦斯特，墨西哥的坦皮科、韦拉克鲁斯、卡门城，古巴的哈瓦那、卡瓦尼亚斯；空军基地有美国的埃格林、墨西哥的梅里达、古巴的哈瓦那 |

沼泽、沙洲、沙嘴、沙坝和潟湖。湾域由中生代陆地沉陷而形成，局部地区仍在下沉中。湾中大陆架除湾口海峡以外连续地环绕着整个海湾的边缘，宽40.2～321.9千米，以东北岸、南岸和北岸最宽。佛罗里达半岛以西的西佛罗里达陆架、尤卡坦半岛以北的坎佩切陆架和北岸密西西比河口以西的得克萨斯路易斯安纳陆架最宽，西侧的东墨西哥陆架较窄，自南向北，宽约40.2~160千米。大陆架上的沉积物，佛罗里达近海为碳酸盐岩屑，北岸为来自密西西比河的泥和粉沙，其余陆架大部分为沙和粉沙。密西西比河以西近岸，有一沉积海沟，沉积物厚达5 240米。大陆架以外的大陆坡也连续地围绕着海湾的边缘分布，是世界上著名的最陡的大陆坡之一。水深69米的断裂处坡度为2/1 000，向外渐增到57/1 000，到坡脚与大陆隆交接处，坡度急剧增大，形成“海崖”。西佛罗里达陆架外为西佛罗里达海崖，坎佩切陆架外是坎佩切海崖，得克萨斯路易斯安纳陆架以外称锡格斯比海崖。海崖基底以外是大陆隆。锡格斯比海崖和坎佩切海崖以外的大陆隆之间是深海平原，即通常所称的锡格斯比海渊，或叫墨西哥海盆，是世界上最平坦的深海平原之一。该深海平原以东至西佛罗里达海崖以西，是巨大的密西西比河冲积扇。混浊流把冲积扇上的物质搬运到深海平原的平坦海底。湾内中生代、新生代沉积深厚。底质多为沙、淤泥和黏土。数百米高的盐丘广布。尤其是北部西段沿海一带，其

中很多含有丰富的油气资源，主要藏在第三纪砂岩和白垩纪灰岩中；有的还有硫层。在尤卡坦海峡，有一平均深度为 1 600 米的海槛，把墨西哥湾和加勒比海分隔开。

海区位于热带和副热带，受低纬大陆包围，气候高温多雨。2 月平均气温 12～22℃，8 月达 28℃。信风较强，9 月至翌年 3 月盛行北风，3—9 月南风较多。因位于亚速尔高压区的西南，所以东北信风更强。冬季常有大风。6—10 月为飓风季节，常受加勒比海和大西洋生成的飓风侵袭。年降水量 1 200～2 000 毫米。

由于气候湿热，海区又几乎近于封闭，因此表层水温和盐度较高。8 月水温为 27～29℃，近岸浅水区达 30～31℃；1 月北部最低为 11℃，南部最高达 22℃。年平均水温的分布趋势是由北向南递增，北部 18℃，南部尤卡坦海峡近岸为 24℃。深于 2 000 米的深海，水温恒定为 4.3℃。中部表层水盐度通常为 36.0‰～36.3‰，个别地区达 36.6‰，南部达 36.9‰。北部入海河流对海水盐度的影响范围可达岸外 150 千米，深 50 米。密西西比河河口区的盐度小于 25.0‰。深于 2 000 米的深海，盐度为 35‰。潮汐为全日潮，潮差在近岸区仅 0.3～0.6 米，为世界上潮汐最小的海区之一。但在佛罗里达半岛沿岸可观测到半日潮和混合潮，潮差也比其他沿岸大。由飓风引起的风暴潮，有时高达 5 米。因飓风通常由南向北移动，所以北岸的风暴潮更为频繁。湾内海浪不大，最大波高极少超过 5 米。

墨西哥湾环流的显著特征是海湾的东部有一个巨大的反气旋型的不封闭环流。大西洋北赤道暖流和南赤道暖流的分支穿过小安的列斯群岛间的海峡，汇成加勒比海暖流；再经尤卡坦海峡（尤卡坦暖流），进入墨西哥湾；沿尤卡坦大陆架的东部边缘进入海湾中央，到佛罗里达海峡西口。湾内水位比附近大西洋高，海水以 9~10 千米 / 小时的速度经佛罗里达海峡流出，年平均流量达 3 000 万立方米 / 秒，称佛罗里达暖流；与安的列

**墨西哥湾流**

大西洋南北赤道暖流汇成加勒比海暖流，进入墨西哥湾，从佛罗里达海峡流出，平均流量3 000万立方米/秒，再与安的列斯暖流汇合，成墨西哥湾流(简称“湾流”)。为世界最强大的洋流之一。

斯暖流（流量 1 200 万立方米 / 秒）汇合后，形成著名的墨西哥湾流（简称“湾流”），流向东北。湾的西部环流不明显，西部中央有一气旋型环流，但很微弱，也不稳定。尤卡坦暖流右侧存在着几个半永久性的涡旋。某些区域的近岸流受盛行风的影响，方向和强度季节变化大。古巴岛北侧有一支近表层逆流，向西南流入加勒比海。

墨西哥湾资源丰富，石油储藏量约有 3.4 亿吨，天然气储藏量约 9 600 亿立方米，是世界上最早进行海洋石油勘探和开采的地区之一。1938 年，美国在离岸 2.4 千米处钻探了第一口油井，1947 年 11 月在离岸 19 千米处发现大油田，现墨西哥湾已是世界上第二大海洋石油产区。美国的墨西哥湾石油产量占其总产量的 1/8，天然气产量占全国总产量的 1/2；属墨西哥油气田集中在坎佩切湾，石油产量占其总产量的一半以上。钻探活动已向深水区域推进，在深海盐丘中发现了油、气储藏。大陆架还是重要的天然硫黄的产区，近期产量达几百万吨。湾的深处有锰结核。大陆架地区的广阔浅滩上，入湾河流带来许多悬浮物质，利于浮游生物生长，是重要的渔场，主要有鳍、鲱、鲻、笛鲷、鲔、比目鱼、红鳖、小虾、牡蛎、蟹、珍珠和海绵等。1970 年产鳍鱼 63.5 万吨、小虾 10.4 万吨，得克萨斯州海岸地带产牡蛎达 2 100 万吨。

沿岸地带工农业发达。工业除石油、天然气开采，以及石油加工、石油化学以外，还有冶金、机械、造船、纺织等。农产品主要有稻谷、甘蔗和柑橘。临湾各国海洋旅游业也很发达，广泛开展航海、赛艇、钓鱼、游泳、潜水等娱乐活动。

工业废水和含有化学药剂的农业用水的排入，使海湾受到严重污染。尤其是靠近佛罗里达州的海域，经过美国一所大学的科学家多年观测之后确定，是世界海洋中污染最严重的地区，所含的石油浓度和石油残渣比地球上其他沿海和大洋地区平均大约高出 40 倍，其主要原因是油轮非法将石油残渣倾泻到公海中。

墨西哥湾沿海的重要港口有：新奥尔良，位于密西西比河口以上 170 多千米处，美国南方主要工业城市，7 条铁路的交汇点和密西西比河内河航运的出海口，全国第一大港，年货物吞吐量约 3.36 亿吨（2015 年），集装箱运输量 46 万标箱（2013 年）；休斯敦，位于海湾北部西侧，美国南部最大城市，最大石油工业中心，原油和石油产品输往全国各地，美国各大石油公司总部或分公司均驻于此，全国第三大港，年货物吞吐量 2 亿多吨、集装箱 195 万标箱（2013 年），是美国最大的石油和小麦输出港，还是美国最大的空间研究中心，著名的“阿波罗登月”“太空实验室”“哥伦比亚”号航天飞机等均在市东南 35 千米克利尔湖畔升空；坦帕，位于海湾东北岸，美国主要海港之一，年货物吞吐量 2 871 万吨、集装箱吞吐量 3.9 万标箱（2013 年）；坦皮科，位于海湾西岸，墨西哥石油工业中心，全国最大海港，年货物吞吐量 880 万吨（2008 年）；韦拉克鲁斯，墨西哥东海岸重要工商业港市，国际航空中继站，是海滨旅游胜地；哈瓦那，古巴首都，全国政治、经济、交通、文化中心和最大港市，全国出口总值的 25% 和进口总值的 80% 经此。较小的海港还有美国的莫比尔、博蒙特阿瑟港、夏洛特港、巴拿马城、帕斯卡古拉、圣乔港，墨西哥的夸察夸尔科斯等。

墨西哥湾资源丰富，是美国中南部与中美洲各国联系的走廊，又是沿岸港口入巴拿马运河出太平洋前的必经水域，战略地位重要。美国的新奥尔良、彭萨科拉、巴拿马城、基韦斯特，墨西哥的坦皮科、韦拉克鲁斯、卡门城，古巴的哈瓦那、卡瓦尼亚斯建有海军基地；美国的埃格林、墨西哥的梅里达、古巴的哈瓦那建有空军基地。1986 年美国海军把墨西哥湾东侧的佛罗里达海峡宣布为要控制的全球 16 个海上航道咽喉之一。海湾东口的基韦斯特和哈瓦那基地南北呼应，正扼守着海峡的西口，地位更为重要。

**军事基地**

海军基地有美国的新奥尔良、彭萨科拉、巴拿马城、基韦斯特，墨西哥的坦皮科、韦拉克鲁斯、卡门城，古巴的哈瓦那、卡瓦尼亚斯；空军基地有美国的埃格林、墨西哥的梅里达、古巴的哈瓦那。

## 19. 坎佩切湾　B. de Campeche
## ——墨西哥的主要石油产区

坎佩切湾是墨西哥湾南部的一个支湾。湾的南岸是墨西哥海岸，湾口开敞，大致以坦皮科以南的沙洲与梅里达以西的岬角连线与墨西哥湾相接。东西最大距离为710千米，南北为320千米，有帕帕洛阿潘、夸察夸尔科斯、格里哈尔瓦、乌苏马辛塔和坎德拉里亚等河流注入湾内。沿岸地势低洼，多为沙质岸，由盐泽、沙滩和红树林组成，多河口湾和潟湖。

**海湾名片**

| | |
|---|---|
| 湾名 | 坎佩切湾 |
| 位置 | 墨西哥湾南部 |
| 面积 | 15 540平方千米 |
| 水深 | 一般为200米 |
| 气候 | 热带气候 |
| 资源 | 石油 |
| 港口 | 坦皮科、韦拉克鲁斯、卡门城、夸察夸尔科斯、弗龙特拉等 |
| 军事基地 | 海军基地有坦皮科、韦拉克鲁斯、卡门城,空军基地有梅里达 |

湾域气候湿热。平均气温：2月22 ℃，8月28 ℃。表层水温：1月22℃，8月27～29℃。盐度36.9‰。

由于水浅，吃水3米以上的舰船难以进入，故航运价值不大。但整个墨西哥湾对北美洲的海运有重要意义，且坎佩切湾区域资源丰富，历史上一些侵略势力曾多次在此登陆和作战。1518年首批西班牙征服者在坎佩切湾东岸登陆；1519年，又在湾的南岸格里哈尔瓦河口登陆，占领该地区，建立韦拉克鲁斯城。1847年，美国的一个庞大舰队也曾进攻韦拉克鲁斯。1861年，西班牙干涉军又曾在韦拉克鲁斯登陆。

该湾域石油资源丰富。墨西哥在墨西哥湾的海洋石油主要集中在坎佩切湾内，石油产量约占全国总产量的1/2以上。

坦皮科、卡门城和韦拉克鲁斯是墨西哥的海军基地，韦拉克鲁斯是墨西哥海军在墨西哥湾海区司令部驻地。湾东北端的梅里达还是墨西哥空军基地之一。

## 20. 关塔那摩湾　Guantánamo
## ——著名的美国海军基地

关塔那摩湾是加勒比海的一个小海湾，因其南部长期被美国占为军事基地而闻名于世。该湾东扼向风海峡，而向风海峡又是北大西洋进入加勒比海，继而经巴拿马运河入太平洋的重要海上交通要道，战略地位十分重要。

海湾西距古巴第二大城市圣地亚哥约60千米，北距古巴制糖业、咖啡加工和贸易中心之一的关塔那摩16千米，地处北纬20°纬线两侧，属热带气候。平均气温：冬季22℃，夏季27℃。年降水量仅500毫米，6—11月多飓风。

**海湾名片**

| | |
|---|---|
| 湾名 | 关塔那摩湾 |
| 位置 | 古巴岛东南岸 |
| 面积 | 160平方千米 |
| 港口 | 古巴的博克龙、凯马内拉 |
| 海军基地 | 关塔那摩湾现为美国大西洋舰队的作战和训练基地 |

湾成袋形，略呈南北延伸，长20千米，宽8千米，分外港和内港两部分。两岸多半岛，湾中多岛屿。半岛和岛屿使海湾内形成许多支湾，其中较大的内港有基阿湾，外港有格拉纳迪约湾和马奥米亚湾。中部北托罗岛和弗拉明戈岛之间有狭窄的伊格尔水道连接内外两港。内港岸线较平直，岸边多盐田。内港港域较开阔，但水深大多不超过5米，仅出口附近深5～10米，出口水道超过10米。古巴港口博克龙和凯马内拉位于内港出口处附近，其中凯马内拉是古巴的外贸港口。外港岸线曲折，西岸为沼泽地，东岸为丘陵地。外港北部水域多小岛，海底地形复杂且深度不足10米；中南部海底较平坦，其西北侧较浅，中部和东南部深于10米，巨轮可自由出入，是优良的港口。湾口宽3千米，水深从20米迅速增至200米以上。

1898年，古巴人民进行反对西班牙的独立战争时，美国趁援助古巴之机控制古巴，占领了该海湾。1903年美国与古巴签订租约，将外港辟为海军基地。基地面积117平方千米，其中水域约70平方千米，现为美国大西洋舰队的作战和训练基地。基地主要设施在东岸，修建了现代化的通信系统，建有海军陆战队兵营、大型军用机场、医院和多座码头。码头线长3千米，附近水深10～17米，可停靠和维修航空母舰，能容纳各型舰艇50艘。东岸还有水上飞机基地，水域辟有水上飞机跑道。西岸有海军航空站。美国宣布海湾整个南部和自湾入口向南延伸3海里的海区为禁区。内港古巴船只可通过外港基地区水域，但不准在禁区锚泊。1959年古巴革命以来，古巴政府拒绝接收租金，要求美国归还该基地，但美国拒不归还，并继续使用该基地。

## 21. 洪都拉斯湾 Gulf of Honduras
## ——世界第二大堡礁所在的海湾

洪都拉斯湾位于中美洲北岸，属加勒比海海湾。海湾略呈三角形：西边为尤卡坦半岛东岸，北段属墨西哥，南段是伯利兹东岸；南边为洪都拉斯北岸；东北边尤卡坦半岛的华雷斯港至洪都拉斯与尼加拉瓜交界处的科科河口（格拉西亚斯—阿迪奥斯角）的连线是湾口，接加勒比海。

伯利兹沿岸为红树林海岸，属热带海洋性气候，2—5月为旱季，6—11月为雨季。7—11月多飓风。年平均气温约25～27℃，年平均降水量：北部1 350毫米，南部4 575毫米。洪都拉斯沿岸岸线曲折，沿岸地区属热带雨林气候。年平均气温26～28℃。沿岸平原年平均降水量1 800～2 800毫米，3—6月雨量较少。

注入的河流：伯利兹有翁多河（与墨西哥交界）、纽河、伯利兹河、芒基河、莫霍河，危地马拉的莫塔瓜河，洪都拉斯的乌卢阿河、阿关河、帕图卡河等。

湾中多岛屿和珊瑚礁。洪都拉斯近岸有巴伊亚群岛、卡霍内斯群岛；伯利兹岸外24千米处为与岸平行的珊瑚堡礁，由3个环礁和约400个珊瑚礁组成，绵延225千米，为世界仅次于澳大利亚东北岸大堡礁的第二大堡礁；湾口处还有洪都拉斯的桑塔尼亚群岛（天鹅群岛）。

洪都拉斯湾沿岸港口众多，但都较小，其中主要的有：①伯利兹港，原是伯利兹的首都和主要海港，1961年遭飓风和海潮的严重破坏，后首都迁

**海湾名片**

| | |
|---|---|
| 湾名 | 洪都拉斯湾 |
| 位置 | 北大西洋西侧，加勒比海西端 |
| 宽 | 约185千米 |
| 水深 | 近岸22～54米，湾口最深达2 000米以上 |
| 水温 | 平均27℃ |
| 资源 | 鱼类、龙虾、虾、海龟 |
| 港口 | 主要有伯利兹港、巴里奥斯港、拉塞巴 |
| 海军基地 | 伯利兹的伯利兹港、蓬塔戈尔达，洪都拉斯的科尔特斯港、卡斯蒂利亚港 |

至贝尔莫潘。港湾内较安全，但大船无法进入，附近深水港一期工程已于1980年完工。伯利兹港输出糖、木材、柑橘、椰果、香蕉、玉米等。②巴里奥斯港，危地马拉伊萨瓦尔省省会，在20世纪70年代前曾为全国最大的对外贸易港，是一深水港；输出以香蕉为大宗，有铁路通首都危地马拉。因不满外资的控制，政府在该港以南建成国有港口圣托马斯—德卡斯蒂亚和与铁路平行的公路，其地位已超过巴里奥斯港。③拉塞巴，洪都拉斯阿特兰蒂达省省会，是洪都拉斯加勒比海主要海港之一，主要承运农、副、渔业产品，亦是该国的工业中心，有世界最大的香蕉切片制酱厂，大型植物油厂、棕榈油加工厂等，渔业也很重要。

其他港口还有：丹格里加、比格克里克（伯利兹）、科尔特斯港、特拉、卡斯蒂利亚港（洪都拉斯）。伯利兹、蓬塔戈尔达是伯利兹的海军基地；科尔特斯港、卡斯蒂利亚港是洪都拉斯的海军基地。

## 22. 委内瑞拉湾　G. de Venezuela
### ——委内瑞拉“石油湖”的口外海湾

委内瑞拉湾因它的湾首通“石油湖”——马拉开波湖而闻名世界。委内瑞拉湾位于北大西洋西部加勒比海南岸，由南美洲最北端的瓜希拉半岛和帕拉瓜纳半岛合抱而成，扼加勒比海南部航线（见图28）。东侧的帕拉瓜纳半岛是委内瑞拉的领土，西侧的瓜希拉半岛除南岸沿海地带属委内瑞拉外，大部属哥伦比亚领土。湾口偏西有委内瑞拉的蒙赫斯群岛，湾口东北有荷属安的列斯群岛西端的阿鲁巴岛作屏障。海湾比较隐蔽。

图28　委内瑞拉湾

湾口两半岛的海岸比较平直，南侧多为潟湖海岸。东侧的帕拉

**海湾名片**

| | |
|---|---|
| 湾名 | 委内瑞拉湾 |
| 位置 | 北大西洋西部，加勒比海南岸 |
| 南北长 | 120千米 |
| 东西宽 | 最宽240千米 |
| 水深 | 14~40米 |
| 资源 | 石油 |
| 城市 | 马拉开波，委内瑞拉第二大城市和石油产区中心 |
| 港口 | 委内瑞拉的马拉开波，哥伦比亚的洛佩斯港、埃斯特雷亚港 |
| 军事基地 | 委内瑞拉的蓬托菲霍海军基地、马拉开波海空军基地 |

瓜纳半岛实际上是陆连岛，塔夸托和科罗之间的连岛沙洲成为半岛与大陆之间的地峡。地峡西侧是科罗湾，湾口的蓬托菲霍是委内瑞拉的重要海军基地。湾口西侧有哥伦比亚的洛佩斯港和埃斯特雷亚港。

湾的南端有一长35千米、宽3~12千米的水道通马拉开波湖。马拉开波湖最深处深达250米，面积约14 344平方千米，是南美最大的湖。但它因与委内瑞拉湾相通，实际上是委内瑞拉湾的组成部分。

马拉开波湖位于安第斯山脉分支梅里达山脉和佩里哈山脉之间，湖区及其周围的沼泽地为世界著名的石油产区，因此有“石油湖”之称，历史上曾为国际石油垄断资本争夺的重要场所。湖区储油量约50亿桶，平均日产量达170万桶左右。由于石油储量大，原油源源不断从湖畔的裂缝中溢出，浮在水面上。湖区石油开采历史悠久，从湖的东西两岸眺望湖面，只见井架林立、油管密布、钻塔成群，景色十分壮观。

马拉开波湖附近是委内瑞拉经济比较发达的地区之一，近岸有马拉开波、圣巴巴拉、梅里达、巴莱拉、拉古尼亚斯、卡维马斯等较大的城市，其中位于马拉开波湖通委内瑞拉湾水道西岸的马拉开波，人口约146万（2011年），是世界著名的石油输出港，原油输出占委内瑞拉全国的一半。马拉开波有国际机场，还是委内瑞拉重要的海空军基地。

## 23. 拉普拉塔湾 Rio de La Plata
### ——阿根廷与乌拉圭之间的“银河”

拉普拉塔湾又称拉普拉塔河或拉普拉塔河口，位于南美洲东南岸中部，是乌拉圭河和巴拉那河的河口湾。湾名是西班牙语“银河”的意思，因此湾是塞瓦斯蒂安·卡博特于1526年发现，并在此同土著人进行过白银交易而命名。湾北为乌拉圭海岸，西南为阿根廷海岸，湾口朝东南，以阿根廷东岸的北角（圣安东尼奥角）和乌拉圭南岸的东角（埃斯特角）连线接南大西洋。

拉普拉塔湾周围陆地为拉普拉塔平原，注入的河流有：全长4 700千米且仅次于亚马孙河的南美洲第二长河巴拉那河、长1 500余千米的乌拉圭和阿根廷的界河乌拉圭河、注入西南侧桑博龙邦湾的萨拉多河等。河口附近多沼泽地。海岸线平直。

**海湾名片**

| | |
|---|---|
| 湾名 | 拉普拉塔湾 |
| 位置 | 南大西洋西侧，南美洲东南岸 |
| 水深 | 10米 |
| 城市 | 阿根廷的布宜诺斯艾利斯、乌拉圭的蒙得维的亚 |
| 港口 | 阿根廷的布宜诺斯艾利斯、拉普拉塔港，乌拉圭的蒙得维的亚 |

整个海湾位于南美南岸外宽阔的大陆架上，周围是南美经济最发达的地区之一，著名的港市有：①布宜诺斯艾利斯，位于海湾西岸，是阿根廷的首都和最大港市，全国工业中心，工业产值约占全国的2/3，也是南美洲最大的铁路枢纽，港口有50个泊位，可停泊和维修巡洋舰以下各种舰船，年集装箱运输量113.7万标箱（2013年）；②蒙得维的亚，位于海湾的北岸，是乌拉圭首都和最大港市，全国的政治、经济、文化和交通中心，人口近140万，占全国人口的45%，工业约占全国的3/4，有现代化的港口设施，全国对外贸易总额的90%由此出入，年集装箱运输量74.4万标箱（2013年）；③拉普拉塔港，位于湾的西南岸，西北距布宜诺斯艾利斯56千米，是布宜诺斯艾利斯省的首府，也是阿根廷的重要港口，港内可停泊巨轮，为阿根廷羊毛、石油、肉类、小麦等的主要输出港。

拉普拉塔湾位于欧、非、美洲大西洋沿岸经麦哲伦海峡入太平洋的航线上，战略地位重要。第二次世界大战时曾在此发生海战。1939年8月21日，德国重巡洋舰“施佩海军上将”号从威廉港出航驶向南大西洋；英法对德宣战后，该舰就开始在南美洲东岸附近海面和印度洋上袭击英法两国商船；1939年9月30日至12月7日，共击沉英法船只10艘。为了消灭这艘重巡洋舰，英国海军派出了由3艘巡洋舰组成的编队，经过长时间搜索，于1939年12月13日在拉普拉塔湾以东300海里处发现德舰。战斗中，德舰多处受伤，施放烟幕，向拉普拉塔湾撤退，驶进了中立国乌拉圭的蒙得维的亚港。其中一艘英重巡洋舰也受重伤，开进马尔维纳斯群岛的斯坦利港。英舰和新派来的巡洋舰封锁了拉普拉塔湾的出口。德舰走投无路，于12月17日将舰员送上岸后，驶往蒙得维的亚西南6海里处自沉。在此后数月中，德国海军未再派大型舰艇出海作战。

# 四、北冰洋属湾

北冰洋的海岸线比较曲折，岛屿众多，因此海湾也比较多。但是，由于气候寒冷，开发较晚，有人类活动的海湾不多，只有巴芬湾、哈得孙湾和科拉湾比较重要。另外，对世界第一大峡湾和峡湾最多的挪威的最长、最深峡湾松恩峡湾也略加介绍。

## 1. 巴芬湾 Baffin Bay
## ——海峡式的海湾

巴芬湾是北冰洋的属湾，位于北大西洋西北方，界于格陵兰岛与巴芬岛、德文岛、埃尔斯米尔岛之间。东部的格陵兰岛是世界第一大岛，西部的巴芬岛是加拿大北极群岛中的第一大岛、世界第五大岛（见图29）。巴芬岛和德文岛之间有兰开斯特海峡，并经加拿大北极群岛水域的梅尔维尔子爵海峡和林肯海通北冰洋。国际海道测量组织《海洋的界限》中将史密斯海峡、内尔斯海峡和罗伯逊海峡也划归巴芬湾，南部以北纬70° 纬线与戴维斯海峡为界，经戴维斯海峡通大西洋。由于北口狭窄，南口宽广，西方有的文件中常将它作为大西洋的一部分。也有人认为巴芬湾并非海湾，而是一个宽阔的海峡，也就是说，是大西洋通往北冰洋的戴维斯海峡、史密斯海峡、内尔斯海峡、罗伯逊海峡的一部分，只不过这一段比较宽阔而已。1585年，英国航海家约翰·戴维斯首先进入海湾探险。1616年，英国航海家威廉·巴芬率领探险队在寻找由大西洋通往太平洋的西北航道时，发现此海湾，因而得名。

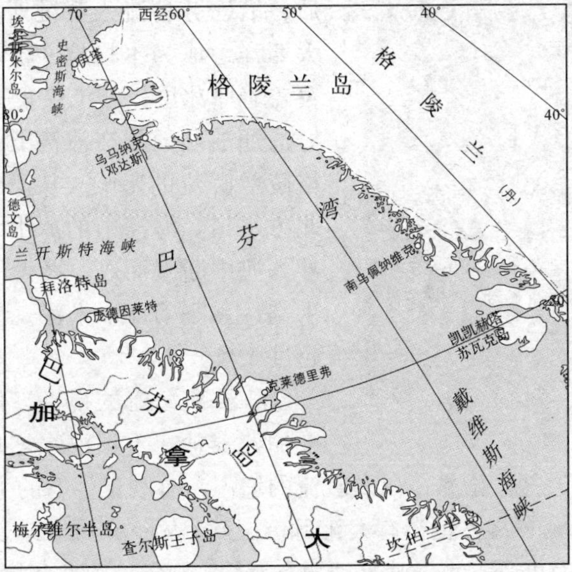


图29　巴芬湾

海湾两岸陆地广布冰川。海岸线曲折破碎，多深长峡湾，无河流注入。海湾略呈西北—东南走向，面积68.9万平方千米，海水容积59.3万立方千米。海底东侧为格陵兰大陆架，西侧为加拿大大陆架，中心为凹地。海峡出口处有暗礁。海底多为陆源沉积物，有石块、砾石、沙砾和淤泥。

整个海湾在北极圈内，气候寒冷。1月平均气温：南部－20℃，北部－28℃，有记载的最低气温为－43℃；7月平均气温7℃。夏天多南风和西北风，冬天格陵兰外的东风带来暴风雪。格陵兰沿海年降水量100～250毫米；巴芬岛沿海多一倍。表面水温：冬季－2℃，夏季5～6℃。盐度30‰～32‰，深处为34.5‰。海流在北纬70°以北湾内形成逆时针方向环流。西格陵兰暖流通过戴维斯海峡沿格陵兰海岸一侧向北流，每年注入99万立方米的大西洋海水，从迪斯科岛流到格陵兰

## 海湾名片

| | |
|---|---|
| 湾名 | 巴芬湾 |
| 位置 | 北大西洋西北方，格陵兰岛西侧 |
| 长 | 1 126千米 |
| 宽 | 112～644千米 |
| 水深 | 366～2 744米 |
| 水温 | 冬季-2℃，夏季5～6℃ |
| 资源 | 大比目鱼、鳕、鲭等鱼类，海豹、海象、海豚和黑鲸，天鹅、雪枭和海鹰，北美驯鹿、北极熊和北极狐 |
| 军事基地 | 图勒 |

的图勒附近海面，再向西南，与南下的寒流汇合；从北冰洋经海峡流入的寒流，夹带着冰块与格陵兰暖流汇合后，沿巴芬岛流入戴维斯海峡，进入大西洋，成为本格拉寒流。海湾中央覆盖着厚冰层，全年仅8—9月可在全海湾通航。但是在海湾北部，由于西格陵兰暖流的影响，从不封冻，形成北方水道。海湾中的冰山大多是冰川冲入海中断裂而成。最大的冰山有70米高，水下有400米深。潮差一般不超过4米。

潮汐和海流的搅动，使上层海水增加营养盐，下层海水增加溶解于水中的氧气。增盐、增氧，以及暖流的增温，有利于生物的生长，因此，海洋生物比较丰富。鱼类有大比目鱼、鳕、鲭、锯鲉、鲱、鲳、鳙鲽、鲐、毛鳞鱼及虾等；海洋哺乳动物有海豹、海象、海豚和黑鲸；沿海岸上栖息着大群的海鸥、海鸭、天鹅、雪枭和海鹰等；岸边植物有400种之多，如桦、柳、桤，以及低等喜盐植物；岸边动物有北美驯鹿、北极熊、北极狐。19世纪初，这里曾是重要的捕鲸和海豹的地区。因封冻时间长，近代商业性渔业尚未发展。当地的因纽特人采用传统工具，以渔猎为生。

沿岸主要居民地有：巴芬岛上的克莱德里弗和庞德因莱特，德文岛上的邓达斯港，埃尔斯米尔岛上的亚历山德拉菲约尔和克雷格港，格陵兰岛上的伊塔、图勒、克劳尔斯哈文、乌佩尼维克和乌马纳克。其中图勒是空军基地，是美国设在格陵兰的大型战略航空兵基地，为

北极熊

机场服务的港口码头线长 300 米。基地可作为北美洲经北极至北欧航线的中途站，并可对格陵兰北部冰帽的考察提供方便。

## 2. 哈得孙湾 Hudson Bay
## ——加拿大的内水海湾

哈得孙湾是北冰洋的一个内陆海，伸入加拿大东北部内陆。湾口向北略偏东，被南安普敦岛、科茨岛、曼塞尔岛等岛屿分割成多条通道（见图 30）。湾口宽 75 海里，但属 1958 年日内瓦海洋法会议通过的领海和毗连区公约承认的“历史性”海湾，是加拿大的内水。海湾以南安普敦岛东南端的莱松角和魁北克的纽武克角的连线接哈得孙海峡，经戴维斯海峡，通大西洋；向北经福克斯海峡通福克斯湾，并通过福克斯湾北端的水道，以及加拿大北部北极群岛诸海峡通北冰洋。哈得孙湾与其

图 30 哈得孙湾

**海湾名片**

| | |
|---|---|
| 湾名 | 哈得孙湾 |
| 位置 | 北冰洋,加拿大东北部 |
| 长 | 1 375千米 |
| 宽 | 960千米 |
| 面积 | 81.9万平方千米 |
| 深度 | 平均100米,最深274米 |
| 气候 | 严寒的大陆性气候 |
| 气温 | 年平均-12.6℃ |
| 潮汐 | 半日潮 |
| 潮差 | 东岸0.5~0.8米,西岸3.5~4.6米,福克斯湾南部6.1~9.1米,哈得孙海峡东部9.6~12.5米 |
| 资源 | 石油,鱼类有鲽、鳕、鲑,还有海象、海豹、逆戟鲸和北极熊 |
| 港口 | 丘吉尔港、纳尔逊港和科勒尔港 |

海峡都是1610年英国探险家哈得孙发现并命名的。

哈得孙湾略呈圆形，东南侧有詹姆斯湾向南伸出，南北全长1 375千米，东西最大宽度960千米，面积81.9万平方千米。湾的北面和西面是加拿大的西北地区，南面是马尼托巴和安大略省，东面是魁北克省，沿岸为永久冻土地带。东和东北部地势高峻，南部詹姆斯湾沿岸有针叶林，其他大部分海岸生长白桦、柳树、白杨和灌木。注入河流较多，但没有大河，最大的是从温尼伯湖流出的纳尔孙河，其他还有丘吉尔河、威尼斯克河、奥尔巴尼河、伊斯特梅恩河、卡赞河和塞文河等。

海湾是一个近于封闭的内陆浅海，平均深度100米，最大深度274米，詹姆斯湾深不足50米。海水总体积8万多立方千米。湾的中部偏北有一个不规则的海盆，深200米以上。湾口附近有一条深海槽伸向哈得孙海峡，海槽最大深度540米。西部塞文河、丘吉尔河、纳尔孙河等河口外有长80～100千米、深18～24米的“V”形水下峡谷，是陆上河谷的延续；西南部湾底浅而平坦，无岛屿，覆盖着古生代沉积岩。东部地形复杂，坡度较陡，岛屿众多，主要有贝尔彻群岛、渥太华群岛等，海底是褶皱的元古代沉积岩和太古代结晶岩；中部深于150米的湾底有浅于50米的浅滩。湾底沉积物都是陆源物质，岸边粗，中间细。东部以粉沙黏土为主，中部主要是泥和粉沙。西部的沉积物比东部粗，沙质占优势。

海豚

哈得孙湾地处高纬地区，南端

在北纬51°以北，北端接近北极圈，又深居内陆，属严寒的大陆性气候。年平均气温 −12.6℃，1月平均气温 −29℃，7月平均气温 8.3℃。夏季最高温为26℃，冬季最低温为 −51℃。春季多云，夏季晴朗。无霜期只有60天。经常有风暴和浓雾，一年中雾日达300天左右。年降水量300~500毫米，2/3降于夏季。

湾内表层水温，8月北部仅3℃，南部9℃。深层水温终年在 −1.1℃以下。10月开始结冰。湾南部的詹姆斯湾，通常在6月中旬开始融冰。由于风和流的影响，哈得孙海峡一般不封冻。湾内全水域终年都有冰群存在。9月份，水温产生层化现象，25米层水温8月1.5~1.8℃，9月0.6~0.8℃。50米以下的水体水温变化范围为 −1.0~1.8℃。这些深层水主要在冬季因哈得孙海峡或福克斯湾结冰而增盐，然后进入哈得孙湾，其盐度为32‰~33.5‰。由于海湾比较封闭，以及四周淡水的流入，湾内深于50米海水的盐度较低，一般为23‰~30.5‰。夏季因海冰融化，盐度分层现象明显，25米层约31‰，表层低于23‰，2米以上表层在化冰时仅2‰。

潮汐属半日潮性质，西岸潮差大于东岸。东岸的哈里森港潮差仅0.5~0.8米；西岸的丘吉尔港达3.5~4.6米。福克斯湾南部潮差较大，曾观测到6.1~9.1米。哈得孙海峡东部的昂加瓦湾近岸则可达9.6~12.5米。

湾内环流，春季比较稳定。福克斯湾呈逆时针的表层环流中，有一部分从福克斯海峡向南流入哈得孙湾，加入湾中的环流，西部向南，东部向北，出湾口后经哈得孙海峡，汇入拉布拉多寒流。

海湾中储藏有石油，西部已开采。鱼类有鲽、鳕、鲑等，还有海象、海豹、海豚、逆戟鲸和北极熊。住在南部地区的印第安人和北部的爱斯基摩人主要以渔猎为主，人口密度低，加拿大政府把整个哈得孙湾划为“封闭海区”，以保护其生态环境。海湾四周有许多小型毛皮贸易站。西岸的丘吉尔港是主要港口，有铁路通加拿大南部各地。小型港口还有纳尔逊港和南安普敦岛上的科勒尔港等。

### 3. 科拉湾　Kolskiy Zaliv
#### ——终年不冻的北极圈内海湾、俄罗斯北方舰队基地集中地区

科拉湾是一个小海湾，位于巴伦支海南侧、俄罗斯西北端科拉半岛北侧，因港湾条件良好和军事上有重要意义而闻名于世。

**海湾名片**

| | |
|---|---|
| 湾名 | 科拉湾 |
| 位置 | 北冰洋，巴伦支海南侧 |
| 长 | 57千米 |
| 宽 | 1~7千米 |
| 水深 | 平均70米，最深327米 |
| 气候 | 冬季严寒，夏季凉爽，海面终年不冻 |
| 潮汐 | 半日潮 |
| 潮差 | 4米 |
| 城市 | 摩尔曼斯克 |
| 海军基地 | 摩尔曼斯克、北莫尔斯克、波利亚尔内等，构成俄罗斯北方战略基地群 |

科拉湾是一个狭长形的海湾，湾口略宽，向内逐渐变窄。入口处水深200~300米，向内逐渐变浅。湾内有托罗斯岛、泽廖尼岛、大奥列尼亚岛、耶卡捷里宁斯基岛、萨尔内岛等较大岛屿。海岸陡峭曲折，多港湾。主要小湾有博尔沃洛克瓦亚湾、奥列尼亚湾、丘瓦湾、瓦延嘎湾等，有科拉河和土洛马河等小河注入。

海湾位于北极圈内，冬季严寒，夏季短而凉爽，属苔原气候。平均气温1月－8℃，7月8℃。但受北大西洋暖流的支流挪威暖流的影响，湾内终年不冻。

海湾及其沿岸地区是俄罗斯北方舰队基地集中地区，是北方舰队进入公海南下大西洋的出入口，扼控美国和西欧间海上运输的通道，战略地位十分重要。湾口向东是北冰洋航线，可经白令海峡通太平洋。湾口以东有白海，过白海穿白海—波罗的海运河可达圣彼得堡和波罗的海。陆上交通也很方便，摩尔曼斯克有公路和双线铁路南达圣彼得堡，并与全国铁路网连接，西通距挪威边界18千米的佩琴加海军基地。

第一次世界大战期间，为解决德国对波罗的海封锁造成的困难，1915年俄国开始在此建港，1916年铁路通达，建成军港；十月革命后的国内战争年代（1918—1920年），曾被美、英军队占领；苏联卫国战

争期间（1941—1944 年），成为北方舰队基地；此后一直在扩建军事设施，至 20 世纪 80 年代，附近广大面积被划为军事禁区。湾内主要军事基地有波利亚尔内、北莫尔斯克和摩尔曼斯克等，构成俄罗斯北方战略基地群。

波利亚尔内位于湾口西岸，是俄罗斯北方舰队的主要潜艇基地和维修中心，拥有完善的潜艇驻泊和维修设施。

北莫尔斯克是俄罗斯的主要海军基地，位于科拉湾中部东岸，1951 年前称瓦耶加镇，20 世纪 60 年代开始逐步建成军港。港内航道水深 17～18 米，码头群呈扇形向北展开，各码头长约 220 米，码头前沿水深 10～20 米。在罗斯良柯沃有 1 座万吨级浮船坞。港区可停泊和维修基辅级航空母舰在内的各种舰船，是俄罗斯北方舰队司令部驻地。

摩尔曼斯克位于科拉湾深入腹地 57 千米处的南端东岸，是北极圈内最大的港市。港区南北延伸，长 8.5 千米，航道水深 17.1～18.2 米，潮差 3.7 米，潮流流速 2 节，可通航 1.3 万吨级的舰船。平均气温 1 月 −6℃，7 月 13.4℃。年降水量 376 毫米。全年多阴天，晴日约 20 天。1—4 月为雾季，影响航行。商港靠南，有泊位 20 处，码头岸线长 5 600 米。水深 6～13 米，年货物吞吐量 1 569 万吨（2012 年），是北极圈内最大的商港。军港居北，水面舰艇基地位于附近的罗斯塔，可停靠各种类型水面舰艇，有 3 座船厂，可修造 3.8 万吨级的舰船，是俄罗斯最大的军港之一。渔港也是俄罗斯最大的渔港之一。

### 4. 斯科斯比湾 Scoresby Sund
### ——世界上最大的峡湾

斯科斯比湾位于格陵兰岛东部，是世界第一大峡湾，在北纬 70°～72° 之间。1822 年由 W. 斯科斯比绘制该湾地图而得名。湾略呈东西走向，湾口朝东。湾口外以北是格陵兰海，以南是丹麦海峡。湾内多分汊，呈鹿角状向西伸

**海湾名片**

| 湾名 | 斯科斯比湾 |
| --- | --- |
| 位置 | 北冰洋，格陵兰岛东部 |
| 长 | 313 千米，世界第一大峡湾 |
| 气候 | 严寒 |
| 居民点 | 斯科斯比松 |

展至格陵兰岛深部的斯科斯比地、米内尔地、纳索斯茨比和伦兰地区，从湾口至分汊处长达113千米。其北支又称诺德韦斯特峡湾，意为“西北峡湾”，从湾口至该支湾的西北顶端总长达313千米；其南支又称古斯峡湾，长度也在150千米以上。湾内岛屿星罗棋布，最大的岛屿是米内尔地岛，长约97千米，宽约40千米，最高点海拔2 434米。湾口北面有居民地斯科斯比松，是E.迈克尔森于1924年建立的渔猎居民点。

### 5. 松恩峡湾 Sognefjorden

### ——挪威众多峡湾中最长、最深的峡湾

挪威是世界上峡湾最多的国家，松恩峡湾是其众多峡湾中最长、最深的峡湾。

**海湾名片**

| | |
|---|---|
| 湾名 | 松恩峡湾 |
| 位置 | 挪威西海岸 |
| 长 | 204千米 |
| 深度 | 最深1 308米 |
| 城市 | 卑尔根，挪威第二大城市 |
| 港口 | 卑尔根，挪威最大港口 |
| 海军基地 | 卑尔根，挪威主要海军基地 |

松恩峡湾位于挪威西海岸，在北纬61°附近，正好处于大西洋和北冰洋的交界处附近，湾口以南是大西洋属海——北海，以北是北冰洋属海——挪威海。

该湾是挪威最长、最深的峡湾，从北海海岸的叙拉岛苏伦，到其最长分汊——吕斯特峡湾顶的肖伦，长204千米，最深点达1 308米。

松恩峡湾及其分汊部分有挪威最绮丽的风光，是重要的旅游区。沿湾多瀑布，并多数已建成发电站。湾顶附近有一些农业区，工业以奥达尔的大型铝加工厂最为重要。湾口以南72千米处的卑尔根是挪威仅次于首都奥斯陆的全国第二大城市和最大港口，12—13世纪曾是挪威首都，第二次世界大战中曾被德国占领，现是挪威的工业中心和全国最大的鱼市场。港口冬天不冻，没有潮汐，是一天然良港，也是挪威主要海军基地，驻有“西挪威”海军军区司令部及海军专业训练中心。